农村建筑工匠知识读本

于 丽 编著

中国建筑工业出版社

图书在版编目（CIP）数据

农村建筑工匠知识读本/于丽编著. —北京：中国建筑工业出版社，2009
ISBN 978-7-112-11018-6

Ⅰ. 农… Ⅱ. 于… Ⅲ. 农村住宅-建筑工程-工程施工-基本知识 Ⅳ. TU241.4

中国版本图书馆 CIP 数据核字（2009）第 085993 号

农村建筑工匠知识读本
于 丽 编著
*
中国建筑工业出版社出版、发行（北京西郊百万庄）
各地新华书店、建筑书店经销
霸州市顺浩图文科技发展有限公司制版
北京建筑工业印刷厂印刷
*
开本：787×1092毫米 1/32 印张：9⅜ 字数：270千字
2009年8月第一版 2015年4月第七次印刷
定价：**18.00**元
ISBN 978-7-112-11018-6
(18261)
版权所有 翻印必究
如有印装质量问题，可寄本社退换
（邮政编码 100037）

本书从农村建筑工匠的知识水平出发,力求贴近农村建筑工程实际,切实满足农村建筑工匠的学习需要。主要介绍农村建筑工匠需要了解和掌握的与房屋建造有关的基本知识,包括有:房屋建筑施工图识读、房屋建筑构造、施工测量方法、常用建筑材料、房屋建造施工技术及新农村的建筑节能技术等,较为系统又简明扼要地解答了目前农村房屋建筑过程中应掌握及了解的主要技术问题,且引用了新农村房屋建筑施工的实例。

本书采用一问一答的形式,文字简练,通俗易懂,系统性、实用性强,可作为农村建筑工匠的培训教材,也可作为农村建筑管理人员、施工操作人员的培训教材及相关人员自学时的辅导材料。

* * *

责任编辑:刘 江 范业庶
责任设计:赵明霞
责任校对:兰曼利 孟 楠

前 言

住房和城乡建设部将全面加强以农房建设安全质量管理和技术服务为中心的制度建设,建立健全农村建筑工匠管理制度,大力推进农村建筑工匠队伍建设,加强农民住房建筑工匠的业务技术培训。为配合此项工作的开展,特组织有关专家编写这本《农村建筑工匠知识读本》,旨在提高农村建筑工匠的知识水平和建造技术,进而提高农村房屋建筑的施工质量,促使社会主义新农村建设朝着正规化、规范化的方向发展。

全书共分为8章,前3章简要介绍了房屋建筑各专业施工图的识读;第4章对基础、墙体、屋面及楼地面等部位的构造作了详细的介绍;第5章介绍了农村建筑施工测量的方法和技术;第6章介绍了常用建筑材料的分类及选用;第7章系统介绍了建筑工程施工技术,包括土方工程、钢筋混凝土工程、屋面防水工程及木结构工程;最后一章讲述了农村建筑重建设计及农村建筑节能技术。

本书文字简练、通俗易懂,采用一问一答的形式对相关知识进行了介绍,且引用了新农村房屋建筑施工的实例。从农村建筑工匠的知识水平出发,力求贴近农村建筑工程实际,切实满足农村建筑工匠的学习需要。本书系统性、实用性强,可作为农村建筑工匠的培训教材,也可作为农村建筑管理人员、施工操作人员的培训教材及相关人员自学时的辅导材料。

本书在编写过程中参考了一些专家、作者的相关文献,在此表示感谢。

由于编写知识水平及阅历经历局限,书中难免有不妥之处,敬请广大读者提出宝贵意见。

目 录

第 1 章 建筑施工图识图

1.1 房屋建筑施工图的内容包括哪些? ………………… 1
1.2 房屋建筑工程图制图标准主要有哪些规定? ………… 1
1.3 什么是建筑施工图的首页图和建筑总平面图? ……… 8
1.4 如何识读总平面图? ………………………………… 9
1.5 如何识读建筑平面图? ……………………………… 13
1.6 如何识读建筑立面图? ……………………………… 18
1.7 如何识读建筑剖面图? ……………………………… 20
1.8 如何识读建筑详图? ………………………………… 22

第 2 章 结构施工图识图

2.1 结构施工图包括哪些内容,有何用途? …………… 26
2.2 简述钢筋的作用和分类? …………………………… 26
2.3 钢筋的一般表示方法有哪些?钢筋的标注内容? …………………………………………………… 27
2.4 什么是基础平面施工图?包括哪些内容?如何识读? …………………………………………………… 28
2.5 如何识读基础详图? ………………………………… 30
2.6 什么是结构平面图?包括哪些内容? ……………… 32

2.7 如何识读楼面结构平面图? ……………………………… 32
2.8 什么是建筑结构施工图平面整体表示法
（平法）? …………………………………………………… 34

第3章 室内设备施工图识图

3.1 室内给水排水系统图的图示方法包括哪些? ……… 37
3.2 如何识读室内给水排水施工图? ……………………… 40
3.3 室内电气施工图的图示特点是什么? ………………… 44
3.4 如何识读室内电气施工图? …………………………… 44

第4章 房屋建筑构造

4.1 农村住宅的构造由哪些部分组成? 农房建造时
  应考虑哪些因素? ……………………………………… 51
4.2 农村建筑中常用的基础类型有哪几种? ……………… 52
4.3 什么是基础的埋置深度? ……………………………… 55
4.4 如何确定砖基础大放脚的形式? ……………………… 56
4.5 钢筋混凝土基础的构造包括哪些形式? ……………… 57
4.6 墙体的类型包括哪些? ………………………………… 58
4.7 什么是砖墙的组砖方式? 砖墙砌筑中墙体布置
  的方式有哪些? ………………………………………… 60
4.8 什么是混凝土框架结构? 框架结构的布置有哪些
  原则? …………………………………………………… 61
4.9 框架梁、柱有哪些构造要求? ………………………… 62
4.10 墙身如何设置墙身防潮层? 其构造做法有哪些? …… 63
4.11 什么是过梁? 主要有哪几种形式? 过梁的构造
  要求是什么? …………………………………………… 65

4.12 什么是钢筋混凝土圈梁？如何设置钢筋混凝土圈梁？ ………… 68
4.13 什么是钢筋混凝土构造柱？如何设置钢筋混凝土构造柱？构造要求是什么？ ………… 69
4.14 常用的隔墙构造形式有哪几种？构造要求是什么？ ………… 70
4.15 建筑楼板的类型包括哪些？ ………… 72
4.16 钢筋混凝土楼板分哪几种形式？如何选用？ ………… 72
4.17 简述建筑楼地面的类型及构造？ ………… 74
4.18 如何进行楼面及地面防水排水设置？ ………… 77
4.19 阳台和雨篷构造分哪几种？其构造要求有哪些？ ………… 78
4.20 简述钢筋混凝土楼梯的分类及构造组成？ ………… 81
4.21 什么是平屋顶卷材防水屋面？常见的类型有哪些？ ………… 82
4.22 卷材防水屋面的细部构造做法有哪些？ ………… 83
4.23 什么是刚性防水屋面？简述刚性防水屋面细部构造？ ………… 85
4.24 坡屋顶屋面的承重结构构件包括哪几种？ ………… 88
4.25 平瓦屋面常见的做法有哪些？构造如何？ ………… 89
4.26 平瓦屋面细部构造包括哪些？构造要求？ ………… 91
4.27 什么是木门（窗）框的立口和塞口安装？安装方法如何？ ………… 93

第 5 章 建筑工程测量

5.1 水准测量的原理是什么？ ………… 94

5.2 如何使用水准仪进行测量读数? …………………… 95
5.3 经纬仪的构造由哪几部分组成? 如何使用经
纬仪? …………………………………………………… 98
5.4 什么是直线丈量? 如何进行直线定线? ………… 101
5.5 如何识读地形图? ………………………………… 103
5.6 建筑工程施工控制测量如何设置施工控制网? … 107
5.7 如何进行建筑物主轴线的测设? ………………… 108
5.8 什么是建筑物放线? ……………………………… 112
5.9 施工过程中如何进行基槽的施工测量? ………… 114
5.10 简述皮数杆的画法和测设方法? ………………… 115
5.11 多层建筑物如何进行轴线投测和标高传递? …… 116

第6章 常用建筑材料

6.1 什么是水泥? 建筑水泥如何分类? ……………… 119
6.2 什么是硅酸盐水泥? 其强度等级如何划分? …… 119
6.3 什么是水泥的安定性? …………………………… 121
6.4 硅酸盐水泥如何储存和使用? …………………… 121
6.5 通用水泥(掺混合材料的硅酸盐水泥)的选用
原则是什么? ……………………………………… 125
6.6 普通混凝土由哪些材料组成? …………………… 125
6.7 什么是混凝土拌合物的和易性? 包括哪几方面的
性能? ……………………………………………… 126
6.8 如何测定混凝土的坍落度? ……………………… 126
6.9 如何划分混凝土的抗压强度与强度等级? ……… 127
6.10 如何确定混凝土的轴心抗压强度? ……………… 128
6.11 影响混凝土强度的主要因素有哪些? …………… 129

6.12 什么是建筑砂浆？如何分类？ ………………………… 130
6.13 什么是砌筑砂浆？组成材料有哪些？ ………………… 130
6.14 砌筑砂浆的稠度有什么要求？ ………………………… 133
6.15 什么是抹面砂浆？主要有哪几种，其主要性能
要求是什么？ …………………………………………… 133
6.16 烧结砖如何分类？各种材料的性能要求是
什么？ …………………………………………………… 138
6.17 常用的砌块有哪些？ …………………………………… 141
6.18 目前农村采用的新型墙体材料有哪几种？ …………… 141
6.19 常见的屋面瓦材有哪几类？性能要求如何？ ………… 142
6.20 简述植被屋面及刚性蓄水屋面的构造及用途？ ……… 144
6.21 屋面防水材料有哪几类，如何选择？目前推广
采用哪些新型防水材料？ ……………………………… 145
6.22 常用的卷材防水材料有哪些？各有什么特点？ ……… 147
6.23 建筑用钢材主要有哪几种？什么是 HPB235、
HRB335、HRB400、冷轧扭、冷轧带肋
钢筋？ …………………………………………………… 147
6.24 混凝土结构用的钢筋如何进行分类？ ………………… 149
6.25 如何防止钢材的锈蚀？ ………………………………… 150
6.26 建筑常用的木材种类有哪些？ ………………………… 150
6.27 简述木材在建筑工程中的综合利用？ ………………… 151

第7章 房屋建造施工技术

7.1 土方工程包括哪些内容？ ……………………………… 156
7.2 农村住宅施工前对场地开挖应做好哪些工作？ ……… 156
7.3 基槽（坑）在开挖时对土方边坡有什么要求？ ……… 157

- 7.4 常用的基坑降水方法有哪几种？………………… 159
- 7.5 基坑（槽）施工时如何进行放线？土方开挖应遵循什么原则？…………………………………… 161
- 7.6 农村住宅基础施工应注意哪些问题？…………… 163
- 7.7 基槽挖土时槽底施工宽度应如何确定？………… 164
- 7.8 砌筑砂浆按材料组成可分为哪几类？砂浆的配合比有什么要求？………………………………… 164
- 7.9 简述砖基础砌筑的方法，如何进行施工？……… 166
- 7.10 毛石基础一般有哪几种形式？砌筑方法如何？………………………………………………… 168
- 7.11 砖墙砌筑的主要施工工序是什么？……………… 171
- 7.12 常用的砖墙组砌的方法有哪些？………………… 174
- 7.13 砌体结构墙体施工时有哪些具体规定？………… 176
- 7.14 简述檐口及山尖的砌筑工艺。…………………… 179
- 7.15 墙体砌筑时墙洞的留有何要求？………………… 183
- 7.16 混凝土小型空心砌块砌体的构造要求主要有哪些？……………………………………………… 185
- 7.17 混凝土小型空心砌块施工时，有哪些砌筑要求？……………………………………………… 190
- 7.18 模板的种类有哪些？模板系统由哪几部分组成？在钢筋混凝土工程施工中，对模板有哪些要求？……………………………………………… 193
- 7.19 基础模板由哪些构造部分组成？………………… 194
- 7.20 柱模板的构造组成是什么？安装时有哪些注意事项？……………………………………………… 194
- 7.21 梁板模板的构造组成是什么？安装时有哪些注

	意事项？	196
7.22	如何确定模板的拆除时间和拆除顺序？	198
7.23	钢筋是如何进行分类的？	199
7.24	农村建房中钢筋的制作有哪些要求？	200
7.25	常用的钢筋连接方法有哪些？连接时应符合哪些规定？	200
7.26	钢筋的代换应遵循哪些原则？	205
7.27	现浇混凝土现场搅拌有哪些规定？	206
7.28	混凝土运输包括哪些方面？基本要求是什么？	207
7.29	混凝土浇筑的注意事项有哪些？	207
7.30	混凝土振捣有哪些规定？	209
7.31	混凝土的养护方法有哪几种？各有什么要求？	209
7.32	常用的混凝土质量缺陷的修补方法有哪些？	210
7.33	防水屋面施工的基本要求有哪些？	211
7.34	常见的卷材防水层屋面的施工有哪几种？	213
7.35	刚性防水屋面施工有哪些规定？	217
7.36	防水坡屋面施工有哪些注意事项？	220
7.37	常用的木屋架的形式有哪几种？如何进行制作？	221
7.38	木屋架的安装包括哪些方面？安装工序是什么？	227

第8章 农村建筑重建设计及节能技术

8.1	村镇灾后重建的总体原则是什么？	231
8.2	村镇建筑设计的原则是什么？	231
8.3	村镇灾后重建有哪些相关法律、法规？	231

8.4 村镇灾后重建的主要建筑类型有哪些?⋯⋯⋯⋯ 232
8.5 村镇建筑设计应遵循哪些相关法律、法规?⋯⋯⋯ 233
8.6 村镇住宅类型及特点是什么?⋯⋯⋯⋯⋯⋯⋯⋯ 234
8.7 宅院由哪些功能构成?组合的基本要求是什么? ⋯ 235
8.8 村镇建筑设计的要点有哪些?⋯⋯⋯⋯⋯⋯⋯⋯ 236
8.9 建筑节能的意义是什么?⋯⋯⋯⋯⋯⋯⋯⋯⋯⋯ 237
8.10 什么是农村住宅建筑节能?⋯⋯⋯⋯⋯⋯⋯⋯ 238
8.11 什么是建筑热平衡?⋯⋯⋯⋯⋯⋯⋯⋯⋯⋯⋯ 240
8.12 农村建筑节能的薄弱环节体现在哪几方面?⋯⋯ 241
8.13 墙体保温技术有哪些?⋯⋯⋯⋯⋯⋯⋯⋯⋯⋯ 244
8.14 墙体保温技术如何运用?⋯⋯⋯⋯⋯⋯⋯⋯⋯ 248
8.15 怎样利用太阳能增加室内得热?⋯⋯⋯⋯⋯⋯ 253
8.16 简述屋顶保温的意义?⋯⋯⋯⋯⋯⋯⋯⋯⋯⋯ 255
8.17 屋顶保温的要点是什么?⋯⋯⋯⋯⋯⋯⋯⋯⋯ 256
8.18 常用的平屋顶保温技术有哪些?⋯⋯⋯⋯⋯⋯ 257
8.19 如何进行坡屋顶保温?⋯⋯⋯⋯⋯⋯⋯⋯⋯⋯ 263
8.20 窗户保温的意义是什么?⋯⋯⋯⋯⋯⋯⋯⋯⋯ 270
8.21 如何提高窗户的保温性能?⋯⋯⋯⋯⋯⋯⋯⋯ 271
8.22 如何减小窗户面积?⋯⋯⋯⋯⋯⋯⋯⋯⋯⋯⋯ 272
8.23 增加窗的隔热性的具体措施有哪些?⋯⋯⋯⋯ 274

参考文献⋯⋯⋯⋯⋯⋯⋯⋯⋯⋯⋯⋯⋯⋯⋯⋯⋯⋯⋯⋯ 283

第1章 建筑施工图识图

1.1 房屋建筑施工图的内容包括哪些?

房屋施工图按专业不同可分为建筑施工图(简称建施)、结构施工图(简称结施)和设备施工图(如给水排水、采暖通风、电气等,简称设施)。一套房屋施工图一般包括:首页图、建筑施工图、结构施工图、设备施工图等。

建筑施工图主要表示房屋的建筑设计内容,如房屋的总体布局、内外形状、大小、构造等,包括总平面图、平面图、立面图、剖视图、详图等。

结构施工图主要表示房屋的结构设计内容,如房屋承重构件的布置、构件的形状、大小、材料、构造等,包括结构布置图、构件详图、节点详图等。

设备施工图主要表示建筑物内管道与设备的位置与安装情况,包括给水排水、采暖通风、电气照明等各种施工图,其内容有各工种的平面布置图、系统图等。

1.2 房屋建筑工程图制图标准主要有哪些规定?

为了保证制图质量、提高效率、表达统一和便于识读,我国制定了国家标准,即《房屋建筑制图统一标准》(GB/T 50001—2001),其主要规定有如下内容:

(1) 定位轴线

定位轴线是确定建筑物或构筑物主要承重构件平面位置的重要依据。在施工图中，凡是承重的墙、柱子、大梁、屋架等主要承重构件，都要画出定位轴线来确定其位置。对于非承重的墙壁、次要构件等，有时要附加定位轴线（分轴线），来确定其位置，也可由注明其与附近的定位轴线的有关尺寸来确定。具体规定如下：

1) 定位轴线应用细单点长画线绘制。

2) 定位轴线一般应编号，编号应注写在轴线端部的圆内。圆应用细实线绘制，直径为 8～10mm，定位轴线圆的圆心，应在定位轴线的延长线上。

3) 平面图上定位轴线的编号，宜标注在图样的下方与左侧，横向编号应用阿拉伯数字，从左到右顺序编号，竖向编号应用大写拉丁字母，从下自上顺序编写，拉丁字母的 I、O、Z 不得用作轴线编号，如图 1-1 所示。

图 1-1 定位轴线的编号顺序

4) 附加定位轴线的编号，应用分数形式表示。两根轴线间的附加轴线，应以分母表示前一轴线的编号，分子表示附加轴线的编号，编号宜用阿拉伯数字顺序编号，如：

$\frac{1}{2}$ 表示 2 号轴线之后附加的第 1 根轴线；

$\frac{3}{C}$ 表示 C 号轴线之后附加的第 3 根轴线。

1 号轴线或 A 号轴线之前的附加轴线的分母应以 01 或 0A 表示,如:

$\frac{1}{01}$ 表示 1 号轴线之前的第一根附加轴线;

$\frac{3}{0A}$ 表示 A 号轴线之前的第 3 根附加轴线。

5) 对于详图上的轴线编号,若该详图适用于几根轴线时,应同时标注有关轴线的编号;通用详图中的定位轴线,一端只画圆,不注写轴线编号,如图 1-2 所示。

图 1-2 详图的轴线编号

(2) 索引符号、详图符号及引出线

施工图中的部分图形或某一构件,由于比例较小或细部构造较复杂,而无法表示清楚时,通常要将这些图形和构件用较大的比例放大画出,这种放大后的图就称为详图。

1) 索引符号

图样中的某一局部或构件,如需另见详图,应以索引符号,如图 1-3 (a) 所示。索引符号是由直径为 10mm(10 毫米)的圆和水平直径组成,圆及水平直径均以细实线绘制。索引符号应按下列规定编写:

① 索引出的详图,如果与被索引的详图同在一张图纸

内,应在索引符号的上半圆中用阿拉伯数字注明该详图的编号,并在下半圆中画一段水平细实线,如图 1-3 (b) 所示。

② 索引出的详图,如果与被索引的详图不在同一张图纸内,应在索引符号的上半圆中用阿拉伯数注明该详图的编号,在索引符号的下半圆中用阿拉伯数注明该详图所在图纸的编号,如图 1-3 (c) 所示。数字较多时,可加文字标注。

③ 索引出的详图,如果采用标准图,应在索引符号水平直径的延长线上加注该标准图册的标号,如图 1-3 (d) 所示。

图 1-3 索引符号

④ 索引符号如用于索引剖视详图,应在被剖切的部位绘制剖切位置线,并以引出线引出索引符号,引出线所在的一侧应为投射方向,如图 1-4 (a)、(b)、(c)、(d) 所示。

图 1-4 用于索引剖视详图的索引符号

2) 详图符号

详图的位置和编号,应用详图符号表示,详图符号的圆应以直径为 14mm 的粗实线绘制。详图应按下列规定编写:

① 详图与被索引的图样在同一张图纸内,应在详图符号内用阿拉伯数字注明详图的编号,如图1-5所示。

② 详图与被索引的图样不在同一张图纸内,应用细实线在详图符号内画一水平直径,在上半圆中注明详图编号,在下半圆中注明被索引的图纸编号,如图1-6所示。

图1-5 与被索引图样同在一张图纸内的详图符号

图1-6 与被索引图样不在同一张图纸内的详图符号

3) 引出线

引出线是对图样上某些部位引出文字说明、符号编写和尺寸标注等用的,其画法规定如下:

① 引出线应以细实线绘制,宜采用水平方向的直线、与水平方向成30°、45°、60°、90°的直线,或经上述角度再折为水平线。文字说明宜注写在水平线的上方,如图1-7(a)所示,也可注写在水平线的端部,如图1-7(b)所示。索引详图的引出线应与水平直径线相连接,如图1-7(c)所示。

图1-7 引出线

② 同时引出几个线相同部分的引出线,宜互相平行,如图1-8(a)所示,也可画成集中于一点的放射线,如图

图 1-8 共用引出线

1-8（b）所示。

③ 多层构造或多层管道共用引出线,应通过被引出的各层。文字说明宜注写在水平线的上方或写在水平线的端部,说明的顺序应由上至下,并应与被说明的层次相互一致;如层次为横向排序,则由上至下的说明顺序应与由左至右的层次相互一致,如图 1-9 所示。

图 1-9 多层构造引出线

（3）标高

建筑物各部分或各个位置的高度主要用标高来表示。房屋建筑制图统一标准中,规定了它的标注方法。

1) 标高符号应以等腰直角三角形表示,按图 1-10 (a)、(b) 所示形式用细实线绘制。标高符号的具体画法如图 1-10 (c)、(d) 所示用于实物投影的标高。

图 1-10 标高符号

l—取适当长度注写标高数字;h—根据需要取适当高度

2) 总平面图室外地坪标高符号,宜用涂黑的三角形表示,如图 1-11 (a) 所示,具体画法如图 1-11 (b) 所示。

3) 标高符号的尖端应指至被标注的位置。尖端一般应向下,也可向上。标高数字应注写在标高符号的左侧或右侧,图 1-12 所示的形式用于标注积聚投影的标高。

4) 标高数字应以米为单位,注写到小数点以后第三位。在总平面图中,可以注写到小数点以后第二位。

图 1-11 总平面图室外地坪标高符号

5) 零点标高应注写成±0.000,正数标高不注"+",负数标高应注"-",例如 3.000、-0.600。

6) 在图样的同一位置需表示几个不同标高时,标高数字可按图 1-13 所示的形式注写。

标高有绝对标高和相对标高之分:

图 1-12　标高的指向　　图 1-13　同一位置注写多个标高数字

绝对标高：我国是以青岛附近的黄海平均海平面为零点，以此为基准而设置的标高。

相对标高：标高的基准面（即±0.000水平面）是根据工程需要而选定的，这类标高称为相对标高。在一般建筑中，通常取底层室内主要地面作为相对标高的基准面。

房屋的建筑标高和结构标高的区别：

建筑标高：是指构件包括粉刷在内的、装修完成后的标高。

结构标高：是指不包括构件表面的粉刷层厚度，构件在结构施工后的完成面的标高。

1.3　什么是建筑施工图的首页图和建筑总平面图？

首页图是建筑施工图的第一页，它的内容一般包括：图纸目录、设计总说明、工程做法以及简单的总平面图等。

建筑总平面图简称总平面图，是用水平投影的方法和相应的图例，画出新建筑物在基地范围内的总体布置图，称为总平面图（或称总平面布置图）。总平面图反映新建筑物的平面形状、层数、位置、标高、朝向及其周围的总体情况。它是新建筑物定位、施工放线、土方施工及作施工总平面设计的重要依据。

1.4 如何识读总平面图?

示例:现以某村镇农宅区中的总平面图为例,如图1-14所示,说明总平面图的识读方法。

图 1-14 总平面图 1∶500

从图1-14可以看出这是总平面图,比例为1∶500。总平面图由于所绘区域范围较大,所以一般绘制时,采用较小的比例,如1∶500、1∶1000、1∶2000等,总平面图上标注的尺寸,一律以米为单位。图中使用的总平面图例应采用

"国标"中所规定的图例,见表 1-1。

总平面图图例　　　　　表 1-1

序号	名　称	图　例	备　注
1	新建建筑物	8 ▲	①需要时,可用▲表示出入口,可在图形内右上角用点数或数字表示层数; ②建筑物外形(一般以±0.00高度处的外墙定位轴线或外墙面线为准)用粗实线表示。需要时,地面以上建筑物用中粗实线表示,地面以下建筑物用细实线表示
2	原有建筑物		用细实线表示
3	计划扩建的预留地或建筑物		用中粗虚线表示
4	拆除的建筑物		用细实线表示
5	建筑物下面的通道		
6	围墙及大门		上图为实体性质的围墙,下图为通透性质的围墙,若仅表示围墙时不画大门
7	坐标	X105.00/X425.00 A105.00/B425.00	上图表示测量坐标 下图表示建筑坐标
8	室内标高	151.00/(±0.00)	

续表

序号	名　称	图　例	备　注
9	室外标高	●143.00 ▼143.00	室外标高也可采用等高线表示
10	新建的道路		"R9"表示道路转弯半径为9米,"150.00"为路面中心控制点标高,"0.6"表示0.6%的纵向坡度,"101.00"表示变坡点距离
11	人行道		
12	拆除的道路		
13	计划扩建的道路		
14	原有道路		
15	桥梁		①上图为公路桥,下图为铁路桥 ②用于旱桥时应注明
16	花卉		
17	草坪		
18	花坛		
19	常绿针叶树		

续表

序号	名 称	图 例	备 注
20	落叶针叶树		
21	常绿阔叶乔木		
22	落叶阔叶乔木		
23	常绿阔叶灌木		

从图1-14中可知图中用粗实线画出的为新建的村镇住宅楼，图形右上角的五个黑点表示该住宅楼为5层，总长和总宽分别为21.24m（m即单位米的符号）和10.74m。该住宅楼坐北朝南，位于生活区的东边，其南墙面和西墙面与原有住宅的距离分别为9m和6m，可据此对房屋进行定位。室外地面和室内地面的绝对标高分别为13.50m和13.80m，室内外高差为0.3m。

生活区四周设有围墙，两面临路。生活区的前边为车库，大门设在东边，小区内配有一个锅炉房和配电室分别位于西南角和西北角。

总平面图上一般均画有指北针或风向频率玫瑰图，以指明房屋的朝向和该地区的常年风向频率。风向频率玫瑰图是根据当地风向资料，将当年不同风向的天数用同一比例画在一个十六方位线上，然后用实线连接成多边形（虚线表示夏季的风向频率），其箭头表示北向，最大数值为主导风向。如图1-14中右上角所示，该全年最大主导风向为北风。

同时根据总平面图了解新建房屋的四周的道路、绿化规划及管线布置等情况。

1.5 如何识读建筑平面图?

用一个假想的水平剖切平面沿房屋略高于窗台的部位剖切，移去上面部分，向下作剩余部分的正投影而得到的水平投影图，称为建筑平面图，简称平面图。

示例：现以某村镇农房住宅楼[注]平面图为例，说明平面图的识读方法。

(1) 了解图名、比例及有关文字说明

由图 1-15 可知，该图为某农宅一层平面图，比例为 1∶100。

(2) 了解平面图的形状与外墙总长、总宽尺寸

该住宅楼平面基本形状为一矩形，外墙总长 11400mm，总宽 8700mm，由此可计算出房屋的用地面积。

(3) 了解定位轴线的编号和其间距

图 1-15 中墙体的定位轴线，内外墙均在墙中心，即轴线距室内 120mm，距室外 120mm。定位轴线之间的距离，横向的称为开间，竖向的称为进深。

图 1-15 中横向轴线从①到⑥轴分为上开间与下开间，其中下开间共 3 个，每个开间分别为 2700、2400、3600mm；上开间为 3 个，分别为 3300、1800、3600mm，竖向轴线从Ⓐ到Ⓕ，也分为左进深和右进深。其中左进深，Ⓐ～Ⓑ轴左右房屋墙线中距 600mm，Ⓑ～Ⓒ轴为客厅进深

[注]：本套图引自农村住宅通用图集。

一层平面图 1:100

图1-15 建筑平面图（一）

4200mm，Ⓒ～Ⓔ轴为餐厅的进深尺寸3600mm，Ⓔ～Ⓕ轴为厨房进深2400mm，而右进深分别表面为Ⓐ～Ⓒ轴车库4800mm，Ⓒ～Ⓓ轴储藏室2400mm，Ⓓ～Ⓕ轴为老人卧室进深3600mm。图中进深尺寸5100mm为附加部分做贮藏室、猪羊圈等。

（4）了解房屋内部各房间的位置、用途及其相互关系

图1-16、图1-17、图1-18分别为该住宅楼的二、三层和顶层平面图。二层内部平面布置基本同一层，但在绘制方面，二层平面图与底层平面图相比较，减去了坡道、散水等附属设施及指北针，增加了门洞上的雨篷，楼梯的表示方法与底层平面图也不相同。屋顶平面图，表明了屋顶形状、屋面檐沟排水方向及排水坡度、雨水管的位置等，另标注了天沟的构造做法另有详图表示。

（5）了解平面各部分的尺寸

平面图尺寸以毫米为单位，但标高以米为单位。平面图的尺寸标注有外部尺寸和内部尺寸两部分。

外部尺寸。为便于识图及施工，建筑平面图的下方及侧向一般标注三道尺寸。

第一道尺寸是细部尺寸，它表示门、窗洞口宽度尺寸和门窗间墙体以及各细小部分的构造尺寸（从轴线标注）。

第二道尺寸是轴线间的尺寸，它表示房间的开间和进深的尺寸。

第三道尺寸是外包尺寸，它表示房屋外轮廓的总尺寸，即从一端的外墙边到另一端的外墙边总长和总宽的尺寸。

另外，台阶（或坡道）、花池及散水等细部的尺寸，可单独标注。

三道尺寸线间的距离一般为7～10mm，第一道尺寸线应

二层平面图　1:100

图 1-16　建筑平面图（二）

图 1-17 建筑平面图（三）

离图形最外轮廓线 10mm 以上。如果房屋平面图前后或左右不对称时，则平面图的上下左右四边都应注写三道尺寸。如有部分相同，另一些不相同，可只注写不同部分。

内部尺寸。内部尺寸应注明室内门窗洞、孔洞、墙厚和

图 1-18 建筑平面图（四）

设备的大小与位置。

此外，建筑平面图中的标高，通常都采用相对标高，并将底层室内主要房间地面定为±0.000，车库平面处标高为－0.150，室外地坪标高为－0.300。

1.6 如何识读建筑立面图？

在与房屋立面平行的投影面上所作出的房屋正投影图，

称为建筑立面图，简称立面图。建筑立面图主要反映了房屋的外貌、各部分配件的形状、相互关系以及立面装修做法等，它是施工的重要图样。立面图有三种命名方式：

按房屋的朝向来命名，如南立面图、东立面图、西立面图。

按立面图中首尾轴线编号来命名，如①～⑩轴立面图、⑩～①轴立面图、Ⓐ～Ⓓ轴立面图、Ⓓ～Ⓐ轴立面图。

按房屋立面的主次来命名，如正立面图、背立面图、左立面图、右立面图。

示例：现以某村镇农房住宅楼的立面图为例，如图1-19所示，说明立面图的识读方法。

（1）了解图名和比例

从图名或轴线的编号可知，该图表示房屋南向的立面图（或①～⑥轴立面图），比例1∶100。

（2）了解立面图与平面图的对立关系

对照平面图上的指北针或定位轴线编号，可知南立面图的左端轴线编号为①，右端轴线编号为⑥，与建筑平面图相对应。

（3）了解房屋的整个外貌形状

从图1-19中可以看到，该房屋主要入口在建筑物中部，出入口处设有前廊带雨篷。

（4）了解尺寸标注

立面图中的尺寸，主要以标高的形式注出。一般标注室内外地坪、檐口、女儿墙、雨篷、门窗、台阶等处的标高。其标注方法，如图1-19所示。

（5）了解房屋外墙面的装修做法

图 1-19 建筑立面图

从图中文字说明可知,外墙面为贴红褐色外墙面砖,上部为白色及米黄色外墙涂料。

1.7 如何识读建筑剖面图?

假想用 1 个或 1 个以上的垂直于外墙轴线的铅垂剖切平面将房屋剖开,移去靠近观察者的部分,对剩余部分所作的正投影图,称为建筑剖面图,简称剖面图。建筑剖面图主要反映房屋内部垂直方向的高度、分层情况、楼地面和屋顶的构造以及各构配件在垂直方向的相互关系。它与平面图、立面图相配合,是建筑施工图的主要图样,是施工中的主要依据之一。

建筑剖面图有横剖面图和纵剖面图。

横剖面图:沿房屋宽度方向垂直剖切所得到的剖面图。

纵剖面图:沿房屋长度方向垂直剖切所得到的剖面图。

示例:现以某村镇农房住宅楼 1-1 剖面为例,如图 1-20 所示,说明剖面图的识读方法。

图 1-20 建筑剖面图

(1) 了解图名及比例

由图1-20可知,该图为1-1剖面图,比例为1：100,与平面图、立面图相同。

(2) 了解剖面图与平面图的对应关系

由图名和轴线编号与平面图上的剖切位置和轴线编号相对照,可知1-1剖面图是横剖面图,剖切位置在Ⓒ～Ⓓ轴之间的楼梯间处,剖切后向后投影。

(3) 了解房屋的结构形式和内部构造

由图1-20可知,此房屋的垂直方向承重构件是用砖砌成的,而水平方向承重构件是用钢筋混凝土构成的,所以它属于混合结构形式。从图中可以看出墙体及门窗洞、梁板与墙体的连接等情况。

(4) 了解房屋各部位的尺寸和标高情况

在剖面图中画出了主要承重墙的轴线、编号以及轴线的间距尺寸,在外侧竖向注出了房屋主要部位,即室内外地坪、楼层、檐口顶面等处的标高及高度方向的尺寸。

1.8 如何识读建筑详图?

建筑详图是建筑细部的施工图。由于建筑平、立、剖面图通常采用较小的比例绘制,这样房屋的许多细部构造做法就无法在平、立、剖面图中表达清楚。为了满足施工需要,房屋的局部构造应当用较大的比例详细地画出,这些图样称为建筑详图,简称详图。

绘制详图的比例,一般采用1：20、1：10、1：5、1：2等。详图的图示方法,应视该部位构造的复杂程度而定。有的只需一个剖面详图就能表达清楚(如墙身详图);

有的则需另加平面详图（如楼梯间、厕所等）或立面详图（如阳台详图）；有时还要在详图中补充比例更大的详图。

对于套用标准图或通用图的建筑构配件和节点，只需注明所套用图集的名称、型号或页次，可不必另画详图（如木门窗）。详图具有比例较大、图示详尽清楚、尺寸标注齐全的特点。一般房屋的详图主要有外墙身详图，楼梯详图，厨房、阳台、花格、建筑装饰、雨篷、台阶等详图。

示例：楼梯详图的识读

楼梯是楼房上下层之间的主要交通构件，一般由楼梯段、休息平台和栏板（栏杆）等组成。

楼梯详图主要反映楼梯的类型、结构形式、各部位的尺寸及踏步、栏板等装修做法，是楼梯施工放样的主要依据。

楼梯详图一般包括楼梯平面图、剖面图和节点详图。

现以某村镇农房住宅楼楼梯平面图为例，如图1-21所示，说明楼梯平面图的识读方法。

(1) 了解楼梯在建筑平面图中的位置、开间、进深及墙体的厚度

对照平面图可知，此楼梯位于横向⑤～⑥轴、纵向ⓒ～ⓓ轴之间。开间2400mm，进深3600mm，墙的厚度为240mm。

(2) 了解楼梯段及梯井的宽度

该图中，楼梯段的宽度为1000mm、梯井的宽度为160mm。

(3) 了解楼梯的走向及起步位置

由各层平面图上的指示线，可以看出楼梯的走向。第一个梯段踏步的起步位置分别距⑤轴180mm。

图 1-21 楼梯平面图

(4) 了解休息平台的宽度、楼梯段长度、踏面宽和数量图 1-21 中，休息平台的宽度为 1080mm。楼梯段长度尺寸为 9×260＝2340mm，表示该梯段有 9 个踏面，每一踏面宽为 260mm。

(5) 了解各部位的标高：各部位的标高在图中均已标出。

第 2 章 结构施工图识图

2.1 结构施工图包括哪些内容，有何用途?

结构设计就是根据建筑各方面的要求，通过结构选型、材料选用、构件布置和力学计算等几个步骤，最后确定房屋各承重构件，如基础、承重墙、梁、板、柱等的布置、大小、形状、材料以及连接情况。将设计结果绘成图样，用以指导施工，这种图样称为结构施工图，简称结施。结构施工图通常由首页图（结构设计说明）、基础平面图及基础详图、结构平面图及节点结构详图、钢筋混凝土构件详图等组成。

结构施工图是施工放线、挖基坑、支模板、绑扎钢筋、设置预埋件、浇捣混凝土、安装梁板等预制构件、编制预算和施工组织计划的重要依据。

2.2 简述钢筋的作用和分类?

配置在钢筋混凝土结构中的钢筋，按其受力和作用分为下列几种，如图 2-1 所示。

(1) 受力筋——承受拉、压等应力的钢筋。

(2) 箍筋——用以固定受力钢筋位置，并承受一部分斜拉应力，一般用于梁和柱中。

(3) 架立筋——用以固定箍筋的位置，构成构件内钢筋骨架。

图 2-1 钢筋混凝土构件配筋示意
(a) 梁；(b) 板

(4) 分布筋——用以固定受力钢筋位置，使整体均匀受力，一般用于板中。

(5) 其他——因构件的构造要求和施工安装需要配置的钢筋，如腰筋、吊环等。

2.3 钢筋的一般表示方法有哪些？钢筋的标注内容？

钢筋的一般表示方法应符合表 2-1 的规定。

钢筋的一般表示方法　　　　表 2-1

序号	名　称	图　例	说　明
1	钢筋横断面	·	
2	无弯钩的钢筋端部		下图表示长、短钢筋投影重叠时，短钢筋的端部用45°斜划线表示
3	带半圆形弯钩的钢筋端部		
4	带直钩的钢筋端部		
5	带丝扣的钢筋端部		

续表

序号	名 称	图 例	说 明
6	无弯钩的钢筋搭接		
7	带半圆形的钢筋搭接		
8	带直钩的钢筋搭接		

钢筋的直径、根数或相邻钢筋中心距一般采用引出线方式标注,其标注形式及含义如图 2-2 所示。

图 2-2 钢筋标注形式

2.4 什么是基础平面施工图?包括哪些内容?如何识读?

基础施工图主要反映房屋在相对标高±0.000以下基础结构的情况。它是施工时放灰线、开挖基坑、砌筑基础的依据。基础施工图一般包括基础平面图、基础详图及文字说明三部分。

基础平面图是假想用一水平面沿房屋底层室内地面下方与基础之间将建筑物剖开,移去上面部分和周围土层,向下投影所得的全剖视图。基础平面表达剖切到墙、柱、基础梁及可见的基础轮廓。

示例：某农房住宅楼的基础平面图，如图2-3所示，该房屋的基础为墙下条形基础。墙下条形基础平面图的图示方法和阅读要点如下：

图2-3 基础平面图

(1) 主要图线

定位轴线两侧的粗线是基础墙的断面轮廓线，粗墙线是砌基础墙、进而砌上部墙体的依据。两粗墙线外侧的细线是可见的基础底部轮廓线。在平面图上基底轮廓线也就是基坑的边线，它是基础施工放线、挖基坑的依据。这两种图线是基础平面图的主要图线。

为了图面简洁，一些次要的图线如基础大放脚的台阶等细部可见轮廓线，一律省略不画出。

(2) 尺寸标注

除定位轴线的间距尺寸外、基础平面图的尺寸标注的对象就是基础各部位的定形尺寸和定位尺寸。以①轴为例，图中注出基础底面宽度尺寸 1200mm，墙厚 240mm，左右墙线到轴线的定位尺寸均为 120mm，左右基底边线到轴线的定位尺寸均为 600mm。

(3) 剖切符号

在房屋的不同部位，基础的形式、断面尺寸、埋置深度都可能由于上部荷载或地基承载力不同而不同。对于每一种不同的基础，都要分别画出它们的断面图。因此，在基础平面图上，应相应地画出剖切符号并注明断面编号。

图上涂黑的是钢筋混凝土构造柱（GZ），与柱相接的是基础圈梁（JQL）。

2.5 如何识读基础详图？

示例：如图 2-4 所示的 1-1 断面详图，它既适用于图 2-3 中①轴又适用于⑥轴的外横墙下的基础。读基础断面详图时，应先将图名号与基础平面图对照，找出它的剖切位置。

也可由轴线编号找到相应的平面图的轴线位置。基础断面详图主要表示基础断面形状、尺寸、基底标高、基础材料及其他构造做法（如垫层、防潮层等）。画图的比例常用1∶20、1∶50，也可用1∶30等。其图示内容包括：

1) 与平面图相对应的轴线；

2) 基础断面轮廓线和砖墙（柱）断面轮廓线，如设有地圈梁时，应画出圈梁位置及断面配筋情况；

3) 室内外地坪线及防潮层位置；

4) 基础与轴线的关系尺寸（定位尺寸）以及基础各台阶的宽、高尺寸（细部定形尺寸）、室内外地坪标高和基础地面标高；

5) 基础和墙（柱）的材料符号。

图2-4的断面详图是表示墙下刚性基础的一种。它不含

图2-4 基础详图

有钢筋混凝土材料，通常可按建施图的图示方法，用粗实线表示基础（含基础墙）的轮廓线，并在断面上画上建筑材料的图例：基础墙及大放脚为砖，垫层为素混凝土。还用粗实线表示室内外地坪线和墙身防潮层。基础底面标高为 −1.500，室外地坪标高为 −0.300，室内地坪标高为 ±0.000（标高单位均为 m）。混凝土垫层高 300mm、宽 1200mm，两侧基底边线（即基坑边线）距离轴线均为 600mm。垫层上面是两层砖砌大放脚，每层高 120mm（即两皮砖）。底层宽 600mm（两侧各 300mm），每层两侧各缩 60mm（即一皮砖）。墙厚 240mm，两墙缘距离轴线均为 120mm。

2.6 什么是结构平面图？包括哪些内容？

结构平面图是表示房屋上部各层平面承重构件（如梁、板、柱等）布置的图样。它是施工时布置和安放各层承重构件的依据。

结构平面图一般包括楼面结构平面图及屋面结构平面图。

2.7 如何识读楼面结构平面图？

示例：以图 1-16 二层楼层结构布置平面图为例，说明楼层结构布置平面图识图方法，如图 2-5 所示。

先看图名与比例。从图名可以看出是哪一层的结构布置图，比例与建筑平面图一样，一般采用 1∶100。图中除了卧室、厨房卫生间、雨篷处为现浇楼盖外，其他均为预制装配式楼盖。图中的填充线表示剖切到的或看到的墙的轮廓线，双实线处为梁或门窗过梁。可见该房屋为一幢砖墙承重、钢

图 2-5 二层楼面结构布置图

筋混凝土梁板的砖混结构。预制楼板的画法可看①～⑥轴线之间，如①～⑤轴单元的 8YKB3651 表示 8 块预应力空心板跨度（板长）3600mm，板宽 500mm，板的荷载等级为 1 级。

现浇板中钢筋的布置情况，见图 2-5，在图中各类钢筋往往仅画一根示意，钢筋弯钩向上、向左表示底层钢筋，钢筋的弯钩向下、向右表示顶层钢筋。另外图中 L1、L2、L3 等均表示为梁的布置，QL 为楼面圈梁布置。

2.8 什么是建筑结构施工图平面整体表示法（平法）？

"建筑结构施工图平面整体设计方法"（简称平法）对我国目前混凝土结构施工图的设计表示方法作了重大改革。平法的表达形式是把结构构件的尺寸和配筋等，按照平面整体表示方法的制图规则，整体直接表达在各类构件的结构布置平面图上，再与标准构造详图相结合，从而构成一套新型完整的结构设计。它改变了传统的那种将构件从结构平面布置图中索引出来，再逐个绘制配筋详图的繁琐方法。

平法适用于各种现浇混凝土结构的柱、剪力墙、梁等构件的结构施工图设计，图 2-6 为梁平法施工图平面注写方式示例。

梁平面注写包括集中标注与原位标注。集中标注表达梁的通用数值，原位标注表达梁的特殊数值。施工时，原位标注取值优先。下面以图 2-6 中的 KL2 为例说明梁平面注写的含义，如图 2-7 所示。

第 2 章 结构施工图识图

图 2-6 梁平法施工图平面注写方式示例

图 2-7　KL2 平面注写方式示例

第3章 室内设备施工图识图

3.1 室内给水排水系统图的图示方法包括哪些?

室内给水排水系统图是给水排水工程施工图中的主要图纸,它分为给水系统图和排水系统图,分别表示给水管道系统和排水管道系统的空间走向,各管段的管径、标高、排水管道的坡度,以及各种附件在管道上的位置,图示方法为:

(1) 轴向选择

室内给水排水系统图一般采用正面斜等轴测图绘制,OX 轴处于水平方向,OY 轴一般与水平线呈 45°(也可以呈 30°或 60°),OZ 轴处于铅垂方向。三个轴向伸缩系数均为1。

(2) 比例

1) 室内给水排水系统图的比例一般采用与平面图相同的比例,当系统比较复杂时也可以放大比例。

2) 当采用与平面图相同的比例时 OX、OY 轴方向的尺寸可直接从平面图上量取,OZ 轴方向的尺寸可依层高和设备安装高度量取。

(3) 室内给水排水系统图的数量

室内给水排水系统图的数量按给水引入管和污水排出管的数量而定,各管道系统图一般应按系统分别绘制,即每一个给水引入管或污水排出管都对应着一个系统图。每一个管道系统图的编号都应与平面图中的系统编号相一致。建筑物内垂直楼层的立管,其数量多于一个时,也用拼音字母和阿拉伯数字为管道进出口编号,如图 3-1 所示。

图 3-1 给水系统和排水系统编号
(a) 平面图;(b) 立面图系统图

(4) 室内给水排水系统图中的管道

1) 系统图中管道的画法与平面图中一样,给水管道用粗实线表示,排水管道用粗虚线表示;给水、排水管道上的附件(如闸阀、水龙头、检查口等)用图例表示。用水设备不画出。

2) 当空间交叉管道在图中相交时,在相交处将被挡在后面或下面的管线断开。

3) 当各层管道布置相同时,不必层层重复画出,只需在管道省略折断处标注"同某层"即可。各管道连接的画法具有示意性。

4) 当管道过于集中,无法表达清楚时,可将某些管段断开,移至别处画出,在断开处给以明确标记。

(5) 室内给水排水系统图中墙和楼层地面的画法

在管道系统图中还应用细实线画出被管道穿过的墙、柱、地面、楼面和屋面,其表示方法如图 3-1 所示。

(6) 尺寸标注

1) 管径：管道系统中所有管段均需标注管径。当连续几段管段的管径相同时，仅标注两端管段的管径，中间管段管径可省略不用标注，管径的单位为"毫米"。水煤气输送钢管（镀锌、非镀锌）、铸铁管等管材，管径应以公称直径"DN"表示（如$DN50$）；耐陶瓷管、混凝土管、钢筋混凝土管、陶土管等，管径应以内径d表示（如$d380$）；焊接钢管、无缝钢管等，管径应以外径×壁厚表示（如$D108×4$）。

管径在图纸上一般标注在以下位置：①管径变径处；②水平管道标注在管道的上方，斜管道标注在管道的斜上方，立管道标注在管道的左侧，如图3-2所示，当管径无法按上述位置标注时，可另找适当位置标注；③多根管线的管径可用引出线进行标注，如图3-3所示。

图3-2 管径标准　　图3-3 多根管线管径标注

2) 标高：室内管道系统图中标注的标高是相对标高。给水管道系统图中给水横管的标高均标注管中心标高，一般要注出横管、阀门、水龙头和水箱各部位的标高。此外，还要标注室内地面、室外地面、各层楼面和屋面的标高。

排水管道系统图中排水横管的标高也可标注管中心标高，但要注明。排水横管的标高由卫生器具的安装高度所决定，所以一般不标注排水横管的标高，而只标注排水横管起点的标高。另外，还要标注室内地面、室外地面、各层楼面和屋面、立管管顶、检查口的标高。标高的标注如图 3-4 所示。

图 3-4　管径标高的标注

3) 凡有坡度的横管都要注出其坡度。管道的坡度及坡向表示管道的倾斜程度和坡度方向。标注坡度时，在坡度数字下，应加注坡度符号。坡度符号的箭头一般指向下坡方向，如图 3-5 所示。一般室内给水横管没有坡度，室内排水横管有坡度。

图 3-5　坡度及坡向的表示法

（7）图例

平面图和系统图应列出统一的图例，其大小要与平面图中的图例大小相同。

3.2　如何识读室内给水排水施工图？

室内给水排水施工图中的管道平面图和管道系统图相辅相依、互相补充，共同表达房屋内各种卫生器具和各种管道以及管道上各种附件的空间位置。在读图时要按照给水和排水的各个系统把这两种图纸联系起来互相对照，反复阅读，才能看懂图纸所表达的内容。

示例:现仍以某村镇农房住宅楼中的底层给水排水平面图(如图3-6所示)、给水系统图(如图3-7所示)、排水系统图(如图3-8所示)为例,说明室内给水排水施工图的识读方法。

图3-6 一层给水排水平面图

图 3-7 给水系统图

(1) 了解平面图中哪些房间布置有卫生器具、卫生器具的具体位置、地面和各层楼面的标高。

各种卫生器具通常是用图例画出来的,它只能说明设备的类型,而不能具体表示各部分尺寸及构造。因此识读时必须结合详图或技术资料,搞清楚这些设备的构造、接管方式和尺寸。

通过对给水排水平面图的识读可知:该农房住宅楼共有三层。每层厨房内含有一个热水和冷水龙头的洗涤盆。每层

图 3-8 排水系统图

厕所内有一个蹲式大便器、一个洗手盆。

(2) 弄清有几个给水系统和几个排水系统，分别识读给水系统（用粗实线表示），给水系统的引入管分别自东向西穿过①轴线的墙体进入室内，供给厨房及厕所间的用水。识读给水系统图时，按水流方向沿引入管——立管——横支管——用水设备的顺序识读，还有热水立管及横支管。

排水系统（用粗虚线表示）共有两个系统。其中一个污水排放系统（WL-1）是排放各层厨房间内及洗手盆产生的污水；另一个污水排放系统（WL-2）是排放各层厕所间内的大便器、水池产生的污水；识读排水系统图时，按水流方向沿用水设备的存水弯——横支管——立管——排出管的顺序识读。

3.3 室内电气施工图的图示特点是什么？

大部分电气施工图与其他类型的图纸区别很大，有其自身的特点，了解这些特点是读懂电气施工图的前提。概括起来，电气施工图有以下特点：

（1）构成电气工程的设备、元件、线路很多，结构类型不一，安装方法各异。因此，在电气工程图中，设备、元件、线路及其安装方法等在许多情况下是借用统一的图例和文字符号来表达的，图例和文字符号犹如电气工程语言中的"词汇"。识读电气施工图时，首先要明确和熟悉这些图例和符号所代表的内容与含义以及它们之间的相互关系。"词汇"掌握得越多，读图越方便。

（2）一般各种电气施工平面图，使用与相应建筑平面图相同的比例。此种情况下，如需确定电气设备安装的位置或导线长度时，可在图上用比例尺直接量取。

与建筑图无直接联系的其他电气施工图，可任选比例或不按比例示意性绘制。

3.4 如何识读室内电气施工图？

示例：现以某村镇农房住宅楼中的底层电气平面图（图

3-9~图 3-11)为例,说明电气施工图的识读方法。

一层照明平面图

图 3-9 一层照明平面图

一层插座平面图

图 3-10 一层插座平面图

图 3-11　一层弱电平面图

在图 3-9 中的照明及插座平面图中可以看出，在楼梯间有配电箱，安装在墙内，为总配电箱。从配电箱中分出 N1、N2、N3、N4、N5、N6、N7 七个支路。其中 N1 接各房间的照明灯具；N2、N3、N4 分别接卧室、餐厅、客厅的空调插座；N5 为接各房间的二、三极电源插座；N6、N7 为接厨房、卫生间的电源插座。每段线路的电线数都表示在线路旁边，少于 2 根电线不表示，3 根电线用短划线表示，3 根电线以上用数字表示。

电气工程中常用电器图例　　　　表 3-1

序号	名称	图例	序号	名称	图例
1	照明配电箱	▬	8	荧光灯	├──┤
2	单极开关	⌐○	9	三管荧光灯	
3	灯（一般符号）	⊗	10	五管荧光灯	
4	防爆荧光灯	├──◄	11	导线、导线组、电线、传输通路、线路、母线的一般符号三根导线 n 根导线	
5	球形灯	●	12	向上配线	
6	花灯	⊗	13	向下配线	
7	壁灯	◐	14	垂直通过配线	

图 3-12 一层照明配电箱系统图

电路支路信息（从上至下）：

- BV-3×6-SC32-WC 引至 2AL ，NDM1-63D32/1
- BV-3×6-SC32-WC 引至 3AL ，NDM1-63D32/1
- N1 照明 BV-2×2.5-PC16-CC ，NDM1-63C16/1
- N2 空调 BV-3×4-PC20-FC ，NDM1-63D20/1
- N3 空调 BV-3×4-PC20-FC ，NDM1-63D20/1
- N4 空调 BV-3×4-PC20-FC ，NDM1-63D20/1
- N5 插座 BV-3×4-PC20-FC ，NDB1L-32C20
- N6 厨房 BV-3×4-PC20-FC ，NDB1L-32D20
- N7 卫生间 BV-3×4-PC20-FC ，NDB1L-32D20

总开关：NDM1-63D32/1，wh（电能表）
进线开关：NDM1-63D40/2 + NDM1L-100/2 IΔn=100mA （非标）（1台）

OVR3N-40-440SP

箱体编号：ALZ

N、PE、重复接地

进线：BV-2×10-SC40-FC
P_{js}=6kW；I_{js}=31A
$COS\phi$=0.9

通过户内配电箱系统图（图 3-12）可以看出，配电箱一端是每层的总进线，为 2 根 10mm^2 的塑料绝缘铜芯线，穿 40mm 的钢管，埋地暗敷（BV-2×10-SC40-FC）。配电箱的另一端 2AL、3AL 分别为二层、三层配电箱的分支线路，另外是 7 条线路，自上而下对应平面图所示的 N1、N2、N3、N4、N5、N6、N7 号线路。每条线路分别标明了线路材料、敷设方式等，如 N1 照明线路为 2 根 2.5mm^2 的塑料绝缘铜芯线，穿 16mm 的 PC 电线管（阻燃型塑料管），沿柱暗敷（BV-2×2.5-PC16-CC）。

电气安装，一般都按"电气施工安装图"施工，如有不同的安装方法和构造时，需绘制详图。表 3-1 是电气工程中常用的电器图例。

第4章 房屋建筑构造

4.1 农村住宅的构造由哪些部分组成？农房建造时应考虑哪些因素？

农村住宅一般由以下部分组成：基础、主体结构（墙、柱、梁、板、屋架等）、门窗、屋面（包括保温、隔热、防水层或瓦屋面）、楼面和地面（地面和楼面的各层构造，也包括人流交通的楼梯）及各种装饰。除了以上6个部分外，人们为了生活、生产的需要还要安装给水、排水、动力、照明、采暖和空调等系统，农村住宅还应考虑炊事燃料的供应系统以提供生活需要。

房屋构造上要考虑各种影响使用的因素，采取各种措施来保证房屋安全、低耗、正常的使用。所以在进行农村住宅设计和建造时，必须考虑以下主要因素：

(1) 房屋受力的作用。房屋受力的作用是指房屋整个主体结构在受到外力后能够保持稳定，没有不正常变形，没有结构性裂缝，能承受该类房屋所应受的各种力。在结构上把这些力称为荷载。荷载又分为永久荷载（亦称恒荷载）和可变荷载（亦称活荷载）。有的还要考虑偶然荷载。

永久荷载是指房屋本身的自重，及地基给房屋的土反力或土压力。

可变荷载是指在房屋使用中人群的活动、家具、设备、物资、风压力、雪荷载等一些经常变化的荷载。

偶然荷载如地震、爆炸、撞击等非经常发生的，而且时间较短的荷载。

（2）自然界给予的影响因素。房屋是建造在大自然的环境中，它必然受到日晒雨淋、冰冻、地下水、热胀、冷缩等影响。因此，在设计和建造时要考虑温度伸缩、地基压缩下沉、材料收缩、徐变。采取结构、构造措施，以及保温、隔热、防水、防温度变形的措施。从而避免由于这些因素的影响而引起房屋的破坏，保证房屋的正常使用。

（3）各种人为因素的影响。在人们从事生产、生活、工作、学习时，也会产生对房屋的影响，如机械振动、化学腐蚀、装饰时拆改、火灾及可能发生的爆炸和冲击等。为了防止这些有害影响，房屋设计和建造时要在相应部位采取防震、防腐、防火、防爆的构造措施，并对不合理的装饰拆改提出警告。

因此，农房构造在设计和施工中，也应防止这些不利的影响因素，做好工作。如受力上，设计和施工必须保证工程质量；自然和人为影响上，设计必须采取措施，施工必须按图施工，并保证施工质量；进行装饰时，防止乱拆乱改。农宅建筑的施工，应注意对施工人员的培训，以提高建筑方面的知识，以杜绝后患。

4.2 农村建筑中常用的基础类型有哪几种？

农村建筑中常用的基础类型主要有下列 4 种。

（1）条形基础

当建筑物上部结构为砖墙时，其基础多采用与墙体形式相同的长条形，这种基础就称为条形基础或带形基础。条形基础是墙下基础的基本形式，也是农村建筑最常用的一种建筑结构，如图4-1所示。

图4-1 条形基础

（2）独立基础

当建筑物上部结构采用框架结构或单层排架及门架结构承重时，其基础常采用方形或矩形的单独基础，这种基础称独立基础或柱式基础如图4-2（a）所示。独立基础是柱下基础的基本形式。当柱采用预制构件时，则基础做成杯口形，然后将柱子插入并嵌固在杯口内，故称杯形基础如图4-2（b）所示，图4-2（c）所示为阶梯形独立基础和锥形独立基础。

（3）井格式基础

当框架结构处在地基条件较差的情况时，为了提高建筑物的整体性，以免各柱子之间产生不均匀沉降，常将柱下基础沿纵、横方向连接起来，做成十字交叉的井格基础，故又称十字带形基础，如图4-3所示。

（4）筏形基础

图 4-2 独立式基础

(a) 现浇基础；(b) 杯形基础；(c) 阶梯形、锥形基础

图 4-3 井格式基础

当建筑物上部荷载较大，而所在地的地基承载能力又比较弱，这时采用简单的条形基础或井格式基础已不能适应地基变形的需要，常将墙或柱下基础连成一片，使整个建筑物的荷载传递在一块整板上，这种满堂式的板式基础称筏形基础。筏形基础有平板式和梁板式之分，图 4-4 为梁板式筏形基础。

图 4-4 梁板式筏形基础

4.3 什么是基础的埋置深度?

从室外设计地坪至基础底面的垂直距离称为基础的埋置深度,简称基础的埋深,如图 4-5 所示。基础的埋深对基础的稳定性造成一定的影响。地面以下的冰冻土与非冰冻土的分界线称为冰冻线,土的冻结深度取决于当地的气候条件。气温越低,低温持续时间越长,冻结深度就越大。在冰冻时期,土的冻胀则会将基础抬起,气温回升解冻后,基础则会重新下沉,这样会使建筑物周期性地处于不稳定状态,导致建筑物产生较大的变形,严重时还会引起

图 4-5 基础的埋深

墙体开裂。建筑物倾斜甚至倒塌。所以处于严寒地区的农村地区基础埋深一定要考虑土壤冻胀的影响。一般情况下,严寒地区的基础应埋置在冰冻线以下大约 200mm 的深度。

4.4 如何确定砖基础大放脚的形式?

对于条形基础,它是由基础墙与大放脚构成。基础墙与墙身同厚,基础墙下部的扩大部分称为大放脚。砖基础按大放脚砖的收皮不同,分为间隔式和等高式,如图4-6所示。等高式大放脚一般每两皮砖向内收1/4砖,也就是大放脚台阶的宽高比为1/2。间隔式大放脚一般是两皮一收与一皮一收相间隔轮流进行,两边各进1/4砖长,但最下边为两皮砖。这种构造方法在保证基础刚性角度的前提下,可以减少用砖量,比较经济。大放脚顶面应低于地面不小于150mm。

大放脚下是基础的垫层。垫层一般为3:7灰土,有的也使用不小于C15(C是混凝土强度等级的代号)强度等级的混凝土做垫层。

垫层的厚度根据基础的类型和所用材料的不同而不同。当条形基础使用3:7灰土时,垫层厚度为300mm,采用碎石混凝土时一般不小于200mm。如为独立基础时,灰土垫层为300~400mm,而混凝土垫层则为100mm。

图4-6 砖基础大放脚
(a) 间隔式;(d) 等高式

4.5 钢筋混凝土基础的构造包括哪些形式？

农村房屋建筑中，除了砖基础以外，应用最多的还有钢筋混凝土基础，它的构造主要有以下两种。

(1) 独立基础

如图 4-7 所示，是钢筋混凝土独立基础的配筋构造，它主要由钢筋网片和柱子的插筋两部分组成。

图 4-7 钢筋混凝土独立基础配筋图
(a) 锥形基础；(b) 阶梯形基础
1—垫层，厚 70～100mm

独立基础是柱下基础的基本形式，当柱的荷载偏心距不大时，常用方形；偏心距较大时，则用矩形。

钢筋混凝土部分由垫层和柱基组成，垫层比柱基每边宽 100mm。锥形基础边缘的高度 h_1 不宜小于 200mm。当基础高度在 900mm 以内时，柱子的插筋应伸至基础底部的钢筋网片内，并在端部做成直弯钩；当基础高度较大时，位于柱四角的插筋应伸入底部，其余的钢筋只需伸入基础达到锚固长度即可。柱插筋长方向范围内应设置箍筋。

当独立基础为阶梯形时，每阶高度一般为 300～500mm；基础高度小于等于 350mm 时用 1 个梯阶；当基础高度大于350mm而小于900mm时用2个梯阶，大于900mm时用3个梯阶。梯阶的尺寸应为整数，一般在水平及垂直方向均用50mm的倍数。

（2）条形基础

当条形基础采用混凝土材料时，混凝土垫层厚度一般为100mm。条形基础钢筋，是由底板钢筋网片和基础梁钢筋骨架组成，但有的也只配置钢筋网片。底板钢筋网片的铺设与独立基础相同。骨架钢筋的直径和截面高度应根据标准图集和设计要求选用。

4.6 墙体的类型包括哪些？

墙体的分类方法很多，根据墙体的受力特点、在房屋中的位置、构造形式、材料选用、施工方法的不同，可将墙体分为不同类型。

（1）按墙体的受力特点分类

根据受力的特点不同，墙体可分为承重墙、非承重墙、围护墙、隔墙等。

（2）按墙体在房屋平面上所处的位置分类

墙体按所处的位置不同分为外墙和内墙。凡位于房屋四周的墙体称为外墙，它作为建筑的围护构件，起着挡风、遮雨、保温、隔热等作用；凡位于房屋内部的墙体称为内墙，内墙可以分隔室内空间，同时也起一定的隔声、防火等作用。

墙体布置方向又可以分为纵墙和横墙。沿建筑物纵轴方向布置的墙称为纵墙，它包括外纵墙和内纵墙，其中外纵墙又称为檐墙；沿建筑物横轴方向布置的墙称为横墙，它包括外横墙和内横墙,其中外横墙又称山墙。

按墙体在门窗之间的位置关系可分为窗间墙和窗下墙;窗与窗、窗与门之间的墙称为窗间墙;窗洞下部的墙称为窗下墙;门窗洞口上部的墙体称为窗上墙。

按墙体与屋顶之间的位置关系有女儿墙,即屋顶上部的房屋四周的墙(图4-8)。

图4-8 不同位置的墙体名称

(a) 平面图;(b) 立面图

(3) 按墙的构造形式分类

按构造形式的不同,墙体分为实心墙、空心墙和复合墙三种。实心墙是由单一材料组成,如由普通黏土砖及其他实体砌块砌筑而成的墙体,有的地方也称为实体墙。空心墙有空斗墙、空体墙之称,是指由多孔砖、空心砖或普通黏土砖砌筑而成的具有空腔的墙体。这种砌体还有无眠空斗、一眠一斗、一眠二斗、一眠三斗之分。复合墙是指由两种以上材料组合而成的墙体,如混凝土、加气混凝土复合板材墙,其中混凝土起承重作用,加气混凝土起保温隔热作用。该种墙体一般适用于严寒地区作为保温墙体。

(4) 按墙体的材料分类

墙体所用的材料种类很多,按所用材料的不同,墙体可分为砖墙、石材墙、砌块墙、板材墙、土坯墙、复合材料墙等。

4.7 什么是砖墙的组砖方式?砖墙砌筑中墙体布置的方式有哪些?

组砌是指砌块在砌体中的排列。组砌的关键是错缝搭接,使上下皮砖的垂直缝交错,保证砖墙的整体性。如果墙体表面或内部的垂直缝处于一条线上,即形成通缝,在荷载作用下,使墙体的强度和稳定性显著降低。

在砖墙的组砌中,把砖的长方向垂直于墙面砌筑的砖叫丁砖,把砖的长方向平行墙面砌筑的砖叫顺砖。上下皮之间的水平灰缝称横缝,左右两块砖之间的垂直缝称竖缝。要求丁砖和顺砖交替砌筑,灰浆饱满,横平竖直。普通黏土砖墙常用的组砌方式见图 4-9。

砖墙砌筑中,墙体的布置中有横墙承重、纵墙承重、纵横墙承重以及内框架承重等形式。农房建筑中,如在有抗震设防要求的地区,应优先采用横墙承重或纵横墙共同承重的结构体系。

图 4-9 砖墙的不同组砌方式

(a) 240 砖墙，一顺一丁式；(b) 240 砖墙，多顺一丁式；
(c) 240 砖墙，十字式；(d) 120 砖墙；
(e) 180 砖墙；(f) 370 砖墙

4.8 什么是混凝土框架结构？框架结构的布置有哪些原则？

框架结构是指钢筋混凝土梁和柱连接而形成的承重结构体系，框架既作为竖向承重结构，同时又承受水平荷载。普通框架的梁和柱的节点连接处一般为刚性连接，框架柱与基础通常为固接。随着农民生活水平的提高，当代农村建筑功能趋于多样化。砌体结构由于墙体布置的要求，限制了建筑开间及分隔。以钢筋混凝土柱作为竖向承重结构，钢筋混凝土梁、板为水平承重构件的混凝土框架结构得到了越来越多的使用。

框架结构布置原则：在抗震设防区，建筑应尽量平面规则、立面简单，以便于设计和施工，同时结构受力更合理。当建筑平面复杂时，可通过采用防震缝将复杂平面分为多块体形简单的建筑。为使房屋具有必要的抗侧移刚度，房屋的高宽比不宜过大，一般宜控制 $H/B \leqslant 4 \sim 5$。

4.9 框架梁、柱有哪些构造要求？

（1）框架梁、柱的截面形状及尺寸

1）框架梁

现浇整体式框架中，框架梁多做成矩形截面，在装配式框架中可做成矩形、T形或花篮形截面。框架梁的截面尺寸应满足框架结构强度和刚度的要求。

框架梁的截面高度可根据梁的跨度、约束条件及荷载大小，按下式估算。

现浇式框架：$h_b = (1/10 \sim 1/12)l$（l 为框架梁的跨度）

装配式框架：$h_b = (1/18 \sim 1/10)l$

当框架梁为单跨或荷载较大时取大值，框架梁为多跨或荷载较小时取小值。为防止梁发生剪切破坏，梁高 h_b 不宜大于 $l_n/4$（l_n 为梁净跨）。

框架梁的截面宽度可取 $b_b = (1/2 \sim 1/3)h_b$，为了使端部节点传力可靠，梁宽 b_b 不宜小于柱宽的 1/2，且不宜小于 200mm。

2）框架柱

框架柱一般采用矩形或正方形截面。柱截面高度可取 $h_c = (1/10 \sim 1/15)H$（H 为层高），且不宜小于 400mm；柱截面宽度可取 $b_c = (1/1.5 \sim 1)h_c$ 且不宜小于 300mm。为避免柱发生剪切破坏，柱净高与截面长边之比宜大于 4。

（2）现浇框架的一般构造要求

1）钢筋混凝土框架的混凝土强度等级不应低于 C20。为了保证梁柱节点的承载力和延性，要求现浇框架节点区的混凝土强度等级，应不低于同层柱的混凝土强度等级。由于施工过程中，节点区的混凝土与梁同时浇筑，因此要求梁柱混凝土强度等级相差不宜大于5MPa。

2）梁柱纵向钢筋宜采用HPB235级和HRB335级钢筋，箍筋一般采用HPB235级钢筋。

3）梁柱混凝土保护层最小厚度应根据框架所处环境条件确定。

4）框架梁柱应分别满足受弯构件和受压构件的构造要求，地震区的框架还应满足抗震设计的要求。

5）框架梁在跨中上部应配置不少于2φ12的架立钢筋与梁支座的负弯矩钢筋搭接，搭接长度不应小于150mm（非抗震设计）。框架梁支座截面的负弯矩钢筋自柱边缘算起的长度不应小于$l_n/4$。框架梁的箍筋沿梁全长范围内设置，箍筋的构造要求与一般梁相同。

6）框架柱宜采用对称配筋，柱中全部纵向受力钢筋的配筋率在无抗震设防要求时不应超过5%，也不应小于0.4%（按全截面面积计算）。

7）框架柱箍筋应为封闭式，箍筋最小直径和最大间距要求与一般柱相同。当柱每侧纵向钢筋多于3根时，应设置复合箍筋；但当柱的短边不大于400mm，且纵筋根数不多于4根时，可不设复合箍筋。

4.10 墙身如何设置墙身防潮层？其构造做法有哪些？

砖墙防潮是农村房屋建筑中的一个盲区，所以导致了许多墙体泛碱严重，对墙体的耐久性、强度和外装饰质量影响极大。在墙身中设置防潮层的目的是防止土壤中的水分或潮气沿基础墙中微小毛细管上升而使位于勒脚处的地面水渗入墙内，防止滴落地面的雨水溅到墙面，而导致墙身受潮。其作用是提高建筑物的耐久性，保持室内干燥卫生。因此，必须在内、外墙脚部位连续设置防潮层。在构造形式上有水平防潮层和垂直防潮层两种形式。

1）防潮层的位置。水平防潮层一般应在室内地面不透水垫层范围以内，如混凝土垫层，以隔绝地面潮气对墙身的侵蚀。通常在-0.060m标高处设置，而且至少要高于室外地坪150mm，以防雨水溅湿墙身。当地面垫层为碎石、炉渣等透水材料时，水平防潮层的位置应设在垫层范围内，并应设在与室内地面平齐或高于室内地面一皮砖的地方，即在+0.060m处。当两相邻房间之间室内地面有高差时，应在墙身内设置高低两道水平防潮层，并在靠土壤一侧设置垂直防潮层，将两道水平防潮层连接起来，以避免回填土中的潮气侵入墙身。如采用混凝土或石砌勒脚时可以不设水平防潮层，还可以将地圈梁提高至室内地坪以下来代替水平防潮层，如图4-10所示。

图4-10 防潮层的位置

2）防潮层的做法。防潮层主要有防水砂浆防潮层和细石混凝土防潮层。

① 防水砂浆防潮层的做法。防水砂浆防潮层因其整体

性较好，抗震能力强，适用于抗震地区、独立砖柱和振动较大的砖砌体中。在设置防潮层的位置抹一层20～25mm厚、掺有3%～5%防水剂的1∶2水泥砂浆或用防水砂浆砌筑4～6皮砖。但砂浆是脆性、易开裂材料，在地基发生不均匀沉降而导致墙体开裂或因砂浆铺贴不饱满时会影响防潮效果，应引起注意。

② 细石混凝土防潮层的做法。在需设防潮层位置铺设60mm厚C20细石混凝土，并内配3ϕ6或3ϕ8的纵向钢筋和ϕ4@250的横向钢筋以提高其抗裂能力。由于混凝土密实性和抗裂性较好，并与砌体结合紧密，而且还有一定的防水能力，所以它适用于整体刚度要求较高的建筑，但应把防水要求和结构做法合并考虑，如图4-11所示。

③ 垂直防潮层。在需设垂直防潮层的墙面（靠回填土一侧）先用水泥砂浆抹面，刷上冷底子油一道，再刷热沥青两道；也可以采用掺有防水剂的砂浆抹面的做法。

图4-11 防潮层的设置

4.11 什么是过梁？主要有哪几种形式？过梁的构造要求是什么？

过梁是用来支承门窗洞口上墙体的荷重，承重墙上的过梁还要支承楼板的荷载，过梁是承重构件。根据材料构造方式不同,过梁有砖拱过梁、钢筋混凝土过梁、钢筋砖过梁。

(1) 砖拱过梁

砖拱过梁是我国的一种传统作法,形式有平拱和弧拱两种。

平砌过梁立面呈倒梯形,拱高有 240mm、300mm、360mm,拱的厚度等于墙体的厚度。砌筑平拱时,应将砖拱两侧的墙端面砌成斜面形状,其斜度一般为 1/5 左右,砖拱两端伸入洞口的拱脚长度为 20mm,竖向灰缝呈上宽下窄,如图 4-12 所示。平拱砖过梁的优点是钢筋、水泥用量少,

图 4-12 平拱砖过梁

缺点是施工速度慢。过梁适用的洞口宽度应小于 1.2m,当过梁上有集中荷载时不得采用。

砖砌弧拱过梁的外形有扇形和半圆形,如图 4-13 所示。

(2) 钢筋混凝土过梁

钢筋混凝土过梁承载能力强,适应性强,可用于较宽的门窗洞口。按照施工方法不同,钢

图 4-13 扇形砖弧拱过梁

筋混凝土过梁可分为现浇和预制两种,其中预制钢筋混凝土过梁施工速度快,是最常用的一种。对农村而言,一般应采用预制装配过梁,当然有条件的情况下,也可采用现浇钢筋混凝土过梁。钢筋混凝土过梁形式如图 4-14 所示。

过梁的断面形式有矩形和 L 形,矩形多用于内墙和混

水墙，L形多用于外墙和清水墙。过梁宽度一般同墙厚，高度按结构计算确定，但应配合砖的规格，如60、120、240mm等。过梁两端伸进墙内的支承长度不小于240mm。在立面中往往有不同形式的窗，如有窗套的窗，过梁截面为L形，挑出60mm，厚60mm［图4-14（b）］又如带窗楣板的窗，可按设计要求出挑，一般可挑300～500mm，厚度60mm。在寒冷地区，为防止钢筋混凝土过梁产生冷桥问题，也可将外墙洞口的过梁断面做成L形［图4-14（d）、（e）］。

图4-14 钢筋混凝土过梁

（a）平墙过梁；（b）带窗套过梁；（c）带窗楣过梁；
（d）L形过梁断面（一）；（e）L形过梁断面（二）

(3) 钢筋砖过梁

钢筋砖过梁是配置了钢筋的平砌砖过梁。通常将间距小于120mm的ϕ6钢筋埋在梁底部厚度为30mm的水泥砂浆层内，钢筋伸入洞口两侧墙内的长度不应小于240mm，并设90°直弯钩，埋在墙体的竖缝内。在洞口上部不小于1/4洞口跨度的高度范围内（且不应小于5皮砖），用不低于

M2.5 的砂浆砌筑。钢筋砖过梁净跨宜≤1.5m,不应超过2m,如图 4-15 所示。

图 4-15 钢筋砖过梁

4.12 什么是钢筋混凝土圈梁？如何设置钢筋混凝土圈梁？

圈梁是砖混结构中的一种钢筋混凝土结构，有的地方称墙体腰箍，它可以提高房屋的空间刚度和整体性，增加墙体的稳定性，避免或减少由于地基的不均匀沉降而引起的墙体开裂。圈梁是沿外墙、内纵墙和主要横墙设置的处于同一水平面内的连续封闭形结构梁。其主要有钢筋混凝土圈梁和钢筋砖圈梁两种。当为钢筋混凝土圈梁时，受力主筋为 4 根直径为 12mm 的螺纹钢筋，箍筋直径一般为 6mm 热轧圆盘条钢筋，箍筋间距 200~250mm。如是钢筋砖圈梁时，是在砖圈梁的水平灰缝中配置通长的钢筋，并采用与砖强度相同的水泥砂浆砌筑，最低的砂浆强度等级为 M5.0。圈梁的高度为五皮砖左右，纵向钢筋分两层设置，每层不应少于 3 根直径为 6mm 的热轧圆盘条钢筋，水平间距不应大于 120mm。

圈梁的位置一般应设在楼板的下面或设在门窗洞口的上

部,兼作门窗过梁的作用。如果圈梁被门窗或其他洞口切断而不能封闭时,则应在洞口上部设置附加圈梁,附加圈梁与墙的搭接长度应大于圈梁之间的 2 倍垂直间距 ($2h$),并不得少于 1m,如图 4-16 所示。

图 4-16 附加圈梁设置

4.13 什么是钢筋混凝土构造柱?如何设置钢筋混凝土构造柱?构造要求是什么?

圈梁是在水平方向将墙体连为整体,而构造柱则是从竖向加强墙体的连接,与圈梁一起构成空间骨架,提高房屋的整体刚度,约束墙体裂纹的开展,从而增加房屋抗震作用。

构造柱一般在墙的转角或丁字接槎、楼梯间转角处等位置设置,贯通整个房屋高度,并与地梁、圈梁连成一体,如图 4-17 所示。

图 4-17 外墙转角构造柱

在构造柱的地方，一般是先砌砖墙，后浇筑混凝土。砌筑砖墙时，并应留成马牙槎，留槎时应采用先退后进的方式。另外，每砌500mm（一般是8皮砖）应在每层的灰缝中放置2根直径6～8mm的钢筋作为拉结筋，每边长度为1m，如图4-18所示。

图4-18 构造柱马牙槎与拉结筋

4.14 常用的隔墙构造形式有哪几种？构造要求是什么？

常用的隔墙有块材隔墙、立筋隔墙和板材隔墙三类。

块材隔墙是用普通砖、空心砖、加气混凝土等块材砌筑而成的，常用的有普通砖隔墙和砌块隔墙。

（1）普通砖隔墙

普通砖隔墙由半砖（120mm）和1/4砖（60mm）顺砌或侧砌而成，砌筑砂浆的强度等级一般不低于M5.0。对半砖（120mm）的隔墙，墙的高度一般不得超过3.6m，长度不超过5m。对于1/4（60mm）的隔墙，高度不得超过2.8m，长度不得超出3.0m，且不得作为有门窗洞口的隔墙。当房间的高度或隔墙的长度超出规定时，必须采取设壁柱或放置钢筋网片等加强措施。

墙体砌筑时，由于1/4隔墙是由普通砖侧砌而成，其操作较复杂，稳定性差，对抗震不利，不宜提倡。

（2）砌块隔墙

砌块隔墙墙厚由砌块的尺寸决定，一般为90～120mm。由于砌块易吸潮，应在墙下先砌5皮普通实心砖。砌筑时，砌块不够整块时可用普通砖进行辅助砌筑。由于砌块隔墙的稳定性差，所以也应采取加强稳固措施。对于空心砌块，也可在孔中竖向配置钢筋，如图4-19所示。

图4-19 砌块隔墙构造

板材隔墙是用各种轻质、竖向通长的板材组装而成的隔墙。当前常用的轻质隔墙板主要有加气混凝土隔墙板、增强石膏条板、GRC空心混凝土隔墙板、碳化石灰条板和蜂窝纸板等。如为了改善隔声效果，应采用双层条板隔墙，如用于卫生间或用水房间时，则应采用防水性能的条板。这些隔墙板自重轻、安装方便、施工速度快。安装前，隔墙板下端应有不小于50mm的混凝土墙垫。条板的长度应略小于安装的高度，一般应比安装高度少20mm。

4.15 建筑楼板的类型包括哪些？

在房屋建筑中，楼板层按结构层所用材料的不同，可分为木楼板、钢筋混凝土现浇楼板、装配式钢筋混凝土楼板。

木楼板是在墙或梁支承的木搁栅上铺钉木板，木搁栅间设置增强稳定性的垂直支承构成。木楼板自重轻、构造简单、保温性能好、柔软有弹性、节约钢材和水泥，但易燃、易腐蚀、易被虫蛀、隔声及耐久性差，除木材产区及部分少数民族使用外，其他地区已较少采用。钢筋混凝土楼板强度高、刚度大，具有良好的耐久、防火和可塑性，便于生产，目前被广泛采用。

4.16 钢筋混凝土楼板分哪几种形式？如何选用？

根据施工方法的不同，钢筋混凝土楼板可分现浇式、装配式和装配整体式三种形式。

（1）现浇钢筋混凝土楼板

现浇混凝土楼板是在施工现场通过支模、绑扎钢筋、浇注混凝土、养护等工序而成型的楼板。它整体性好、抗震能力高，适应不规则形状和预留孔洞等特殊要求的建筑。

由于现场浇筑，可用于不规则的房间，也可通过掺防水剂等外加剂用于防水要求较高的厨房、卫生间。

（2）预制装配式钢筋混凝土楼板

预制装配式钢筋混凝土楼板是把楼板在预制构件厂预制，然后在施工现场装配而成，它有施工速度快，节约成本，而且预制生产厂家购买，质量有保证等优点，是目前农村房屋建筑普遍采用的一种楼板。但因为拼装结构，楼面整体性差，降低建筑的抗震性能，同时接缝处也易出现渗水、漏水现象。

预制钢筋混凝土一般有实心平板、空心板和槽形板三种类型。

1) 实心平板。实心平板上下板面平整、制作简单，宜用于荷载不大、跨度小的走廊楼板、阳台板、楼梯平台板及管沟盖板等处。板的两端支承在墙或梁上，板厚一般在50～80mm，板宽为600～900mm，跨度一般在2.4m以内。

2) 空心板。楼板属于受弯构件，受力时一侧（截面上部或下部）受拉，另一侧受压，中间位置受力较小，去掉中间部分的混凝土就形成空心板。空心板孔洞有圆形、长圆形和矩形等，圆孔板制作简单，应用最广泛。短向空心板长度为2.1～4.2m，长向空心板长度为4.5～6m，板宽有500mm、600mm、900mm、1200mm，板厚根据跨度大小有120mm、140mm、180mm等。农村最常用的是500mm宽、120mm厚的预应力圆孔板。

空心板板面不能随意开洞。安装时，空心板孔的两端用砖或混凝土填塞，以免灌浆时漏浆，并保证板端的局部抗压能力。

3) 槽形板。槽形板是一种肋板结合的预制构件，即在实心板的两侧设有边肋，作用在板上的荷载都由边肋来承担，板宽为500～1200mm，非预应力槽形板跨长通常为3～6m。板肋高为120～240mm，板厚仅30mm。槽形板减轻了板的自重，具有省材料、便于在板上开洞等优点；但隔声效果差。

4.17 简述建筑楼地面的类型及构造?

建筑楼地面根据面层所用材料及施工方法的不同,分为三大类型,即整体面层、板块面层、木竹面层。

1) 整体面层。包括水泥砂浆、细石混凝土、水磨石地面等。

2) 板块面层。包括水泥花砖、陶瓷锦砖、人造石板、天然石板、塑料地板、地毡面层等。

3) 木竹面层。实木地板面层、实木复合地板面层、中密度强化复合地板面层、竹地板面层等。

建筑楼地面的构造如下:

(1) 整体面层

1) 水泥砂浆面层。水泥砂浆面层通常是用水泥砂浆抹压而成的,简称水泥面层。它原料供应充足方便、坚固耐磨、造价低且耐水,是目前应用最广泛的一种低档面层做法,如图 4-20 所示。

图 4-20 水泥砂浆面层

2) 水磨石面层。水磨石面层是用大理石或白云石等中等硬度石料、石屑作骨料,以水泥作胶结材料,混拌铺压硬结后,经磨光打蜡而成。其性能与水泥砂浆面层相似,但耐磨性更好、表面光洁、不易起灰,造价较高。常用于农村建筑的门厅、走道、楼梯间以及客厅等房间。水磨石面层的结构如图4-21所示。

图4-21 水磨石面层结构

(2) 板块面层

1) 砖块地面。由普通黏土砖或大方青砖铺砌的地面,大方青砖也系黏土烧制而成,可直接铺在素土夯实的地基上,但为了铺砌方便和易于找平,常用砂做结合层。普通黏土砖可平铺,也可侧铺,砖缝之间用水泥砂浆或石灰砂浆嵌缝。这种地面在经济收入较低的农村房屋建筑中使用。

2) 陶瓷板块地面。陶瓷板块有陶瓷锦砖、釉面陶瓷地砖、瓷土无釉砖等。这类地面的特点是表面致密光洁、耐磨、耐腐蚀、吸水率低、不变色。一般适用于客厅、内走道、卧室以及水用量比较多的房间。但这种地面用拖把拖地后有鱼腥味,并且拖后干燥较慢。

3) 石板地面。石板地面包括天然石地面和人造石地面。天然石板有大理石、花岗石等,质地坚硬、色泽艳丽、美观。是比较高档的地面用材。这种地面适用于客厅、卧室、楼梯间等。

这些石板尺寸较大,一般为 300mm×300mm～500mm×500mm,铺设时应预先试铺,合适后再正式粘贴。表面平整度要求很高,其做法是在混凝土垫层上先用 20～30mm 厚(1:4)～(1:3)干硬性水泥砂浆找平,再用 5～10mm 厚 1:1 水泥砂浆铺贴石板,缝中灌稀水泥浆擦缝。

(3) 木竹地面

木竹地面是当前卧室最豪华高档的地面用材。木竹地面的主要特点是有弹性、不起灰、不返潮、易清洁、保温性好,但耐火性差,保养不善时易腐朽,且造价较高。木竹地面按构造方式有空铺式和实铺式两种。

空铺木竹地面。常用于底层地面,其做法是将木竹地板架空,使地板下有足够的通风空间,以防木竹地板受潮腐烂。空铺木竹地板构造复杂。耗费木材较多,因而采用较少。

实铺木竹地面有铺钉式和粘贴式两种做法。铺钉式实铺木竹地面有单层和双层做法。另外,还应在踢脚板处设置通风口,使地板下的空气通畅,以保持干燥。粘贴式实铺木竹地面是将木竹地板用粘结材料直接粘贴在钢筋混凝土楼板或垫层的砂浆找平层上。

在地面与墙面交接处,通常按地面做法处理,即作为地面的延伸部分,称为踢脚线或踢脚板。用以防止碰撞而损坏或清洗时弄脏墙面。踢脚线的高度一般为 100～150mm,材料与地面基本一致,分层制作,通常比墙面抹灰高出 4～6mm,其构造如图 4-22 所示。

图 4-22 踢脚线构造

（a）缸砖踢脚线；（b）木踢脚线；（c）水泥抹面踢脚线

4.18 如何进行楼面及地面防水排水设置？

（1）楼面及地面排水

为保证排水通畅，房间内部产生积水，楼面及地面一般应有1‰～1.5‰的坡度，并坡向地漏。地漏应比地面略低些，并且地漏安装时，四周必须嵌填防水材料，如图4-23所示；为防止积水外溢到其他房间，用水房间的地面应比相邻的非用水房间的地面低20～30mm，如图4-24所示。

图 4-23 室内排水

图 4-24 地面层设置

（2）楼面及地面防水

对于常用水房间的楼板，不得采用装配式楼板，而采用现浇钢筋混凝土楼板，面层材料通常为整体现浇水泥砂浆、水磨石或瓷砖等防水性较好的材料。并且还应在楼板与面层之间设置防水层。常见的防水材料有卷材、防水砂浆和防水涂料。为防止房间四周墙脚受水，应将防水层沿周边向上泛起至少 150mm。当遇到门洞时，应将防水层向外延伸 250mm 以上，如图 4-25 所示。

图 4-25 建筑地面防水构造

竖向管道穿越的地方是防水最为薄弱的地方。遇到管道穿越楼层时，一般采用两种处理方法。一是在穿越管道的四周用 C20 细石混凝土嵌填密实，再用卷材或涂料做密封处理；对于热水管道，为防止温度变化引起的热胀冷缩现象，常在管道穿越的楼层处预埋套管，并高出地面 30mm 左右，在缝隙内填塞弹性防水材料，如图 4-26 所示。

图 4-26 管道防水构造

4.19 阳台和雨篷构造分哪几种？其构造要求有哪些？

阳台是楼房建筑中不可缺少的室内外过渡空间，在农村建筑中,建筑阳台、雨篷相当普遍。

阳台按施工方法分为现浇阳台和预制阳台,还有凸阳台、凹阳台和转角阳台之分。根据阳台的形式不同主要结构有搁板式、挑板式和挑梁式三种。

凸阳台大体可分为挑梁式和挑板式两种类型。当出挑长度在 1200mm 以内时,可采用挑板式;大于 1200mm 时可采用挑梁式。凹阳台作为楼板层的一部分,常采用搁板式布板方法。

1) 搁板式是在凹阳台中,将阳台板搁置于阳台两侧凸出来的墙上,即形成搁板式阳台。阳台板型号和尺寸与楼板一致,施工方便。

2) 挑板式是利用楼板从室内向外延伸,形成挑板式阳台。这种阳台简单,施工方便,但预制板的类型增多,在寒冷地区对保温不利。在纵墙承重的住宅阳台中常用,阳台的长宽不受房屋开间的限制,可按需要调整,如图 4-27 (a) 所示。

图 4-27 阳台结构形式

(a) 挑板式阳台的结构形式;(b) 挑梁式阳台的结构形式

另一种做法是将阳台板与墙梁整浇在一起。这种形式的阳台底部平整，长度可调整，但须注意阳台板的稳定，一般可通过增加墙梁的支承长度，借助梁自重进行平衡，也可利用楼板的重力或其他措施来平衡。

3）挑梁式是从横墙内向外伸挑梁，其上搁置预制楼板，阳台荷载通过挑梁传给纵横墙。挑梁压在墙中的长度应不小于2倍的挑出长度，以抵抗阳台的倾覆力矩。为了避免看到梁头，可在挑梁端头设置边梁，既可以遮挡梁头，又可承受阳台栏杆重力，并加强阳台的整体性（图4-27b）。

雨篷是建筑物入口处和顶层阳台上部用以遮挡雨水、保护外门免受雨水侵蚀的水平构件。农村建筑雨篷多为小型的钢筋混凝土悬挑构件。较小的雨篷常为挑板式，由雨篷梁悬挑雨篷板，雨篷梁兼做过梁。雨篷板悬挑长度一般为800～1500mm。挑出长度较大时一般做成挑梁式，为使底板平整，可将挑梁上翻，做成倒梁式，梁端留出泄水孔，并且泄水孔应留在雨篷的侧面，不要留在门口过人的正面，如图4-28所示。

图4-28 雨篷构造

雨篷在构造上应注意以下事项：一是防倾覆，保证雨篷梁上有足够的压重。这是农村房屋建筑必须注重的主要项目；二是板面上要做好排水和防水。雨篷顶面用防水砂浆抹面，厚度一般为20mm，并以1%的坡度坡向排水口，防水砂浆应顺墙上抹至少300mm。另外，在农村雨篷板的施工中，其配筋位置容易被反放，造成雨篷板倾覆破坏，一定要注意受力筋应放在雨篷板内的上方。

4.20 简述钢筋混凝土楼梯的分类及构造组成？

钢筋混凝土楼梯具有防火性能好、坚固耐用等优点，因此已在农村建房中得到广泛应用。根据施工方法的不同，钢筋混凝土楼梯可分为整体现浇式和预制装配式。

现浇钢筋混凝土楼梯的楼梯段和平台整体浇筑在一起，其整体性好、刚度大、抗震性能好。但施工进度慢、施工程序较复杂、耗费模板多。预制装配钢筋混凝土楼梯施工进度快，受气候影响小，构件由工厂生产，质量容易保证。

现浇钢筋混凝土楼梯可以根据楼梯段的传力结构形式的不同，分为板式和梁板式楼梯两种。

(1) **板式楼梯**

板式楼梯的梯段为板式结构，其传力关系一种是荷载由梯段板传给平台，由梁再传到墙上；另一种是不设平台梁，将平台板和梯段板连在一起，形成折板式楼梯。荷载直接传到墙上，如图4-29所示。

图4-29 板式楼梯

板式楼梯底面光洁平整，外形简单，支模容易。但由于不设梯梁，板的厚度较大，混凝土和钢材用量也较大，所以它适用于梯段的水平投影不大于3m时使用。

（2）梁板式楼梯

梁板式楼梯由踏步板、楼梯斜梁、平台梁和平台板组成。

图4-30 梁板式楼梯

踏步板由斜梁支承，斜梁由两端的平台梁支承；踏步板的间距跨度就是梯段的宽度，平台梁的间距即为斜梁的跨度。梁板式楼梯适用于荷载较大、建筑层高较大的情况和梯段的水平投影长度大于3m的结构，如图4-30所示。

楼梯斜梁一般为两根，布设在踏步的两边。当楼梯间的一侧有承重墙体时，为节省材料，可在梯段靠墙一侧不设斜梁，由墙体支承踏步板，此时踏步板一端搁置在斜梁上，另一端搁置在墙上，成为单斜梁楼梯。

4.21 什么是平屋顶卷材防水屋面？常见的类型有哪些？

卷材防水屋面是用防水卷材与胶粘剂结合在一起，形成连续致密的构造层，从而达到防水的目的。按卷材的常见类型分有沥青类卷材防水屋面、高聚物改性沥青类防水卷材屋面、高分子类卷材防水屋面。卷材防水屋面由于防水层具有一定的延伸性和适应变形的能力，因而又被称为柔性防水屋面。

卷材防水屋面较能适应湿度、振动、不均匀沉降等因素的变化作用，能承受一定的水压，整体性好，不易渗漏。严格遵守施工操作规程时则能保证防水质量，但施工操作较复杂，技术要求较高。卷材防水屋面适用于防水等级为Ⅰ～Ⅳ级的屋面防水。

4.22 卷材防水屋面的细部构造做法有哪些？

屋顶细部是指屋面上的泛水、天沟、雨水口、檐口、变形缝等部位的具体做法。

（1）泛水构造。泛水是将屋面防水层与女儿墙、变形缝、检修孔、立管等垂直体交接处的防水层延伸到这些垂直面上，形成立铺的防水层，称为泛水，其构造如图4-31所示，做法要求如下：

图 4-31 卷材防水屋面泛水构造

屋面与垂直面交接处应将卷材下的砂浆找平层抹成直径不小于150mm的圆弧形或45°斜面，上刷卷材胶粘剂，使卷材粘贴牢实，以免卷材架空或折断。将屋面的卷材防水层继续铺至垂直面上，形成卷材泛水，其上再加铺一层附加卷材，泛水高度不得小于250mm。

在垂直墙中预留或凿出通长凹槽，将卷材的收头压入槽内，用防水压条钉压后再用密封材料嵌填封严，再抹水泥砂浆保护。凹槽上部的墙体则用防水砂浆抹面。

（2）檐口构造。檐口按照排水形式可分为无组织排水和檐沟外排水两种。其防水构造的要点是做好卷材的收头固定，使屋顶四周的卷材封闭避免雨水渗入。在做挑檐檐口时，卷材防水层在檐口的收头构造处理十分关键，这个部位也极容易开裂和渗水。檐口防水各地做法各异，比较通用的做法如图4-32所示。

图4-32 檐口构造
(a) 无组织排水挑檐；(b) 檐沟卷材收头；(c) 女儿墙檐口

（3）雨水口构造。雨水口是将屋面雨水排至水落管的连通构件。要求排水通畅，不得渗漏和堵塞。有组织外排水最常用的有檐沟及女儿墙雨水口两种构造形式，如图4-33所示。

檐沟外排水雨水口构造。在檐沟板预留的孔中安装铸铁或塑料连接管，就形成雨水口。为防止雨水口四周漏水，应将防水卷材塞入连接管内100mm，周围用油膏嵌缝。

图 4-33 雨水口构造
(a) 直管式；(b) 弯管式

雨水口连接管的固定形式常见的有两种：一种是采用喇叭形连接管卡在檐沟板上，再用普通管箍固定在墙上；另一种则是用带挂钩的圆形管箍将其悬吊在檐沟板上。雨水口过去一般用铸铁制作，易锈不美观。现在多改为硬质聚氯乙烯塑料 PVC 管，具有质轻、不锈、色彩多样等优点，已逐渐取代铸铁管。

有女儿墙的外排水雨水口构造，是在女儿墙上的预留孔洞中安装雨水口构件，使屋面雨水穿过女儿墙排至墙外的雨水口中。为防止雨水口与屋面交接处发生渗漏，也需将屋面卷材铺入雨水口内 100mm，并安装铁箅子以防杂物流入造成堵塞。

4.23 什么是刚性防水屋面？简述刚性防水屋面细部构造？

刚性防水屋面是指用细石混凝土做防水层的屋面，因混凝土属于脆性材料，抗拉强度较低，故称为刚性防水屋面。

刚性防水屋面的主要优点是构造简单、施工方便、造价较低，适合农村使用。

刚性防水屋面的细部构造包括屋面防水层的分格缝、泛水、檐口、雨水口等部位的构造处理。

（1）屋面分格缝。分格缝是一种设置在刚性防水层中的变形缝，一是可减少其变形，有效地防止和限制裂缝的产生；二是可有效地防止混凝土防水层开裂。设置分格缝时，应设置在结构屋面板的支承端、屋面转折处、刚性防水层与立墙的交接处，并应与板缝对齐。分格缝间距不宜大于6m，如图4-34所示。在横墙承重的民用建筑中，屋脊是屋面转折处，故设有一纵向分格缝。横向分格缝每开间设一条，并与装配式屋面板的板缝对齐。因为刚性防水层与女儿墙的变形不一致，所以刚性防水层不能紧贴在女儿墙上，它们之间应做柔性封缝处理，以防女儿墙或刚性防水层开裂引起渗漏。其他突出屋面的结构物四周都应设置分格缝。

图4-34 分格缝位置

（2）泛水构造。刚性防水屋面的泛水构造要点与卷材屋面相同的地方是：泛水应有足够高度，一般不小于250mm；泛水应嵌入立墙上的凹槽内并用压条及水泥钉固定。不同的地方是：刚性防水层与屋面突出的女儿墙、烟囱等须留分格缝，另铺贴附加卷材盖缝形成泛水。

（3）檐口构造。刚性防水屋面檐口的形式一般有自由落水挑檐口、挑檐沟外排水檐口、女儿墙外排水口、坡檐口等。

自由落水挑檐口,应根据挑檐挑出的长度,直接利用混凝土防水层悬挑和在增设的现浇或预制钢筋混凝土挑檐板上做防水层。

外排水檐口檐沟构件一般采用现浇或预测的钢筋混凝土槽型天沟板,在沟底用低强度等级的混凝土或水泥炉渣等材料垫置成纵向排水坡度,铺好隔离层后再浇筑防水层,防水层应挑出屋面并做好滴水槽或滴水线。

当有女儿墙外排水檐口时,通常是在檐口处做成三角形断面天沟,其构造处理与女儿墙泛水做法基本相同,天沟内需设有纵向排水坡度。如图 4-35 所示。

(4)坡檐口。建筑设计中出于造型方面的考虑,常采用一种平顶坡檐的处理形式,即在出檐板的上部做成斜面式,然后在其上铺贴瓦或面砖形成如图 4-36 的坡檐口构造。由于在挑檐的端部加大了荷载,结构和构造都应特别注意悬挑构件的倾覆问题,要处理好构件的拉结锚固。

(5)雨水口构造。雨水口构造可参阅柔性防水屋面的做法。

图 4-35 女儿墙外排水檐口

图 4-36 平屋顶坡檐构造

4.24 坡屋顶屋面的承重结构构件包括哪几种?

坡屋顶的承重结构构件主要有屋架和檩条两种。

(1) 屋架

屋架有两种结构形式：一种是三角形屋架，由上弦、下弦及腹杆组成，可用木材、钢材及钢筋混凝土等制作。另一种就是立字形屋架，由大梁、二梁和瓜柱等构件组成，是传统屋架的一种。三角形木屋架一般用于跨度不超过12m的建筑；钢木组合屋架一般用于跨度不超过18m的建筑，如图4-37所示。

图4-37 屋架的形式

(2) 檩条

农村房屋建筑中，檩条所用材料可为木材和钢筋混凝土。檩条材料的选用一般与屋架所用材料相同，使两者的耐久性接近。檩条的断面形式有矩形和圆形两种；钢筋混凝土檩条有矩形、L形和T形等。檩条的断面一般为(75～100)mm×(100～180)mm；原木檩条的直径一般为100mm左右。采用木檩条时，长度一般不得超过4m；钢筋混凝土檩条可达6m。檩条的间距根据屋面防水材料及基层构造处理而定。一般在700～1500mm以内。山墙承檩时，应在山墙上预置混凝土垫块。为便于在檩条上固定瓦屋面的木基层，可在钢筋混凝土檩条上预留 ϕ4mm 的钢筋以固定木条，用尺寸为 40～50mm 的矩形木对开为两个梯形或三角形。

4.25 平瓦屋面常见的做法有哪些？构造如何？

坡屋顶屋面一般是利用各种瓦材，如平瓦、波形瓦、小青瓦等作为屋面防水材料，是农村建筑常用的一种形式，近些年来还有不少采用金属瓦屋面、彩色压型钢板屋面等。

平瓦屋面根据基层的不同有冷摊瓦屋面、木望板瓦屋面和钢筋混凝土板瓦屋面三种做法。

(1) 冷摊瓦屋面

冷摊瓦屋面是在檩条上钉固椽条，然后在椽条上钉挂瓦条并直接挂瓦。这种做法构造简单，但雨雪易从瓦缝中飘入室内，通常用于南方地区质量要求不高的建筑。

(2) 木望板瓦屋面

木望板瓦屋面是在檩条上铺钉 15～20mm 厚的木望板（亦称屋面板），望板可采取密铺法（不留缝）或稀铺法（望板间留 20mm 左右宽的缝），在望板上平行于屋脊方向干铺一层油毡，在油毡上顺着屋面水流方向钉 10mm×30mm、中距 500mm 的顺水条，然后在顺水条上面平行于屋脊方向钉挂瓦条并挂瓦，挂瓦条的断面和间距与冷摊瓦屋面相同。这种做法比冷摊瓦屋面的防水、保温隔热效果要好，但耗用木材多、造价高，多用于质量要求较高的建筑物中。冷摊瓦屋面、木望板瓦屋面构造如图 4-38 所示。

图 4-38 冷摊瓦屋面与木望板瓦屋面构造

(a) 冷摊瓦屋面；(b) 木望板瓦屋面

(3) 钢筋混凝土板瓦屋面

瓦屋面由于保温、防火或造型等的需要，可将钢筋混凝土板作为瓦屋面的基层盖瓦。盖瓦的方式有两种：一种是在找平层上铺油毡一层，用压毡条钉在嵌在板缝内的木楔上，再钉挂瓦条挂瓦；另一种是在屋面板上直接粉刷防水水泥砂浆并贴瓦或陶瓷面砖或平瓦。钢筋混凝土板瓦屋面构造如图4-39所示。图4-40是采用钢筋混凝土结构作屋面板，设保温层与不设保温层的平瓦屋面的做法实例。

图 4-39 钢筋混凝土板瓦屋面构造

图 4-40 钢筋混凝土板瓦屋面做法实例
(a) 不设保温层瓦屋面；(b) 设保温层瓦屋面

4.26 平瓦屋面细部构造包括哪些？构造要求？

平瓦屋面应做好檐口、天沟、屋脊等部位的细部处理。

(1) 檐口构造

檐口分为纵墙檐口和山墙檐口。纵墙檐口根据造型要求做成挑檐或封檐。其构造方法如图 4-41 所示。山墙檐口按屋顶形式分为硬山与悬山两种。硬山檐口构造，将山墙升起包住檐口，女儿墙与屋面交接处应作泛水处理。女儿墙顶应作压顶板，以保护泛水。

悬山屋顶的山墙檐口构造，先将檩条外挑形成悬山，檩条端部钉木封檐板，沿山墙挑檐的一行瓦，应用 1:2.5 的水泥砂浆做出拔水线，将瓦封固。

(2) 天沟和斜沟构造

在等高跨或高低跨相交处，常常出现天沟，而两个相互

图 4-41 平瓦屋面纵墙檐口构造

(a) 砖砌挑檐;(b) 椽条外挑;(c) 挑檐木置于屋架下;(d) 挑檐木置于承重横墙中;(e) 挑檐木下移;(f) 女儿墙包檐口

垂直的屋面相交处则形成斜沟。沟应有足够的断面积,上口宽度不宜小于 300~500mm,一般用镀锌铁皮铺于木基层上,镀锌铁皮伸入瓦片下面至少 150mm。高低跨和包檐天沟若采用镀锌铁皮防水层时,应从天沟内延伸至立墙(女儿墙)上形成泛水。天沟、斜沟构造如图 4-42 所示。

图 4-42 天沟、斜沟构造

(a) 三角形天沟(双跨屋面);(b) 矩形天沟(双跨屋面);(c) 高低跨屋面天沟

4.27 什么是木门（窗）框的立口和塞口安装？安装方法如何？

门（窗）框安装根据施工方式分为后塞口和先立口两种，如图 4-43 所示，为门框安装的两种方式，木窗框的安装原理同样。

图 4-43 门框的安装方式
（a）后塞口；（b）先立口

（1）塞口。是在墙砌好后再安装门框。洞口的宽度应比门框大 20～30mm，洞口高度比门框大 10～20mm，留左右和顶部两条施工安装缝尺寸，门洞口两侧砖墙上每隔 500～600mm 预埋木砖或预留缺口，以便用圆钉或水泥砂浆将门框固定。后塞口做法与砌墙工序不交叉，有利于门窗定型化，各种墙体均可采用；缺点是安装后墙体与门窗框间的缝隙较大，一般用沥青麻丝等嵌填。

（2）立口。是在砌墙前用支撑先立门框然后砌墙。框与墙结合紧密不留缝隙，同时也需要每隔 500～600mm 砌入防腐木砖，用钉钉牢。其缺点是仅适合于砌筑墙体，且立樘与砌墙工序交叉，施工不便，门框易受破损或产生移位。

第 5 章 建筑工程测量

5.1 水准测量的原理是什么?

水准测量主要是利用水准仪提供的水平视线直接测定地面各点之间的高差,然后,根据其中一点的已知高程推算其他各点的高程。如图 5-1,已知 A 点高程为 H_A,如能求得 B 点对 A 点的高差 h_{AB},则 B 点的高程 H_B 就可以求出。

为了求出高差 h_{AB},现在 AB 两点间安置水准仪,在 AB 两点分别立水准尺,然后利用水平视线读出 A 点水准尺上的读数 b。则:

$$B 点对 A 点的高差 h_{AB} = a - b$$
$$欲求点 B 的高程 H_B = H_A + h_{AB}$$

图 5-1 水准测量原理

式中　a 是已知高程点（始点）上的水准读数，叫后视读数；

　　　b 是欲求高程点（终点）上的水准读数，叫前视读数；

　　　"+"号表示代数和。

视线水平时在水准尺上的读数叫水准读数。

用后视读数减前视读数所得到高差的正或负，是表示以后视点为准，前视点对后视点的高低关系，当后视读数大于前视读数时，则高差为正，说明前视点 B 高于后视点 A；反之，当后视读数小于前视读数时，则高差为负，说明前视点 B 低于后视点 A。

在工程测量中，常需要安置一次仪器就要测量很多点的高程。为了计算上的方便，可以先求出水准仪的视线高程，叫视线高。然后再分别计算各点高程。从图 5-1 中可以看出：

$$视线高\ H_i = H_A + a$$
$$欲求\ B\ 点的高程\ H_B = H_i - b$$

用水准仪测量地面点的高程时，水准仪安置的位置的高低可以任意选择，但是，水准仪的视线必须水平。如果视线不水平，利用上述公式所计算出的高差和高程就会发生错误，所以在水准测量中必须牢牢记住视线水平这个最重要、最基本的要求。

5.2　如何使用水准仪进行测量读数？

根据水准测量原理，水准仪的主要作用是提供一条水平视线，并能根据水准尺进行读数。水准仪主要由望远镜、水准器及基座三部分构成。如图 5-2 所示是我国生产的 DS3 水准仪。

图 5-2 DS3 水准仪

1—微倾螺旋；2—分划板护罩；3—目镜；4—物镜对光螺旋；5—制动螺旋；6—微动螺旋；7—底板；8—三角压板；9—脚螺旋；10—弹簧帽；11—望远镜；12—物镜；13—管水准器；14—圆水准器；15—连接小螺母；16—轴座

DS3 水准仪的基本操作程序为安置仪器、粗略整平、瞄准水准尺、精确整平和读数。

（1）安置仪器

打开三脚架并使其高度适中，用目估法使架头大致水平，检查三脚架是否安设牢固。然后打开仪器箱取出仪器，用连接螺旋将水准仪固连在三脚架头上。

（2）粗略整平

粗平是借助圆水准器的气泡居中，使仪器竖轴大致铅直，从而使视准轴粗略水平。利用脚螺旋使圆水准器气泡居中的操作步骤如图 5-3 所示，用两手按相对方向转动脚螺旋 1 和 2，使气泡沿着 1、2 连线方向由 a 移至 b，在转动脚螺旋 3（亦可按相同方向转动脚螺旋 1 和 2），使气泡由 b 移至中心。整平时气泡移动的方向与左手大拇指转动脚螺旋的方向一致。

（3）瞄准水准尺

图 5-3 粗略整平　　图 5-4 精确整平

首先进行目镜调焦,即把望远镜对着明亮的背景,转动目镜调焦螺旋,使十字丝清晰。转动望远镜,使照门和准星的连线对准水准尺,拧紧制动螺旋,转动物镜调焦螺旋,使水准尺的像最清晰。然后转动水平微动螺旋,使十字丝纵丝照准水准尺边缘或中央。

当眼睛在目镜上下微微移动时,若发现十字丝的横丝在水准尺上的位置随之变动,这种现象称为视差。产生视差的原因是水准尺成像的平面和十字丝平面不重合。视差的存在将会影响读数的正确性,应加以消除。消除的方法是重新仔细地进行物镜调焦,直到眼睛上下移动时读数不变为止。

(4) 精确整平

眼睛通过目镜左方复合气泡观察窗观察水准管气泡,用右手缓慢而均匀地转动微倾螺旋,使气泡两端的像吻合,如图 5-4 所示。

(5) 读数

当确认水准管气泡居中时,应立即根据中丝在尺上读数,先估计毫米数,然后报出全部读数。如图 5-5 所示,读

图 5-5 水准仪读数

数为 1.259，但习惯上只念"1259"四位数而不读小数点，即以毫米为单位。

精平和读数虽是两项不同的操作步骤，但在水准测量的实施过程中，却把两项操作视为一个整体。即精平后再读数，读数后还要检查水准管气泡是否符合，只有这样，才能取得正确的成果。

5.3 经纬仪的构造由哪几部分组成？如何使用经纬仪？

现以西北光电仪器厂生产的经Ⅲ型经纬仪为例说明 DJ6 光学经纬仪的构造。

图 5-6（a）、（b）为西北光电仪器厂生产的经Ⅲ型经纬仪的外貌。

（1）基座部分

经纬仪基座与水准仪基座的构成和作用基本相同，同样有插座、脚螺旋、底板三角压板。在经纬仪基座上还有一轴座固定螺旋，用于控制照准部和基座之间的衔接。在通常情况下，轴座固定螺旋必须拧紧固定。

（2）水平度盘部分

水平度盘是光学玻璃制成，装在仪器竖轴上，套在度盘轴套内，度盘边缘通常按顺时针方向刻有 0°～360°的等角距分划线。度盘不随照准部转动。

对于方向经纬仪，装有度盘变换手轮，在水平角测量

(a)   (b)

图 5-6   DJ6 光学经纬仪

1—望远镜制动螺旋；2—望远镜微动螺旋；3—物镜；4—物镜；5—目镜；6—目镜调焦螺旋；7—瞄准器；8—度盘读数显微镜；9—度盘读数显微镜调焦螺旋；10—照准部水准管；11—光学对中器；12—度盘照明反光镜；13—竖盘指标水准管；14—竖盘指标水准管观察反射镜；15—竖盘指标水准管微动螺旋；16—水平制动螺旋；17—水平微动螺旋；18—水平度盘变换手轮；19—基座圆水准器；20—基座；21—轴座固定螺旋；22—脚螺旋

中，若需要改变度盘的位置，可利用度盘变换手轮将度盘转到所需要的位置上。为了避免作业中碰到此手轮，特设置一护盖，配好度盘后应及时盖好护盖。

对于复测经纬仪，水平度盘与照准部之间的接连由复测器控制。将复测器扳手往下扳，照准部转动时就带动水平度盘一起转动。将复测器扳手往上扳，水平度盘就不随照准部转动。

(3) 照准部

照准部主要由望远镜、支架、旋转轴、竖直制动、微动螺旋、水平制动、竖直度盘、读数设备、水准器和光学对中器等组成。

经纬仪的使用包括对中、整平、瞄准和读数等操作步骤。

(1) 对中

对中目的是使仪器的中心与测站点的中心位于同一铅垂线上。

先目估三脚架头大致水平,且三脚架中心大致对准地面标志中心,踏紧一条架脚。双手分别握住另两条架腿稍离地面前后左右摆动,眼睛看对中器的望远镜,直至分划圈中心对准地面标志中心为止,放下两架腿并踏紧。调节架腿使气泡基本居中,然后用脚螺旋精确整平。检查地面标志是不是位于对中器分划圈中心,若不居中,可稍旋松连接螺旋,在架头上移动仪器,使其精确对中。

(2) 整平

整平的目的是使仪器的竖轴竖直,水平度盘处于水平位置。

先转动照准部,使照准部水准管与任一对脚螺旋的连线平行,两手同时向内或外转动这两个脚螺旋,使水准管气泡居中。将照准部旋转90°,转动第三个脚螺旋,使水准管气泡居中,按以上步骤反复进行,直到照准部转至任意位置气泡皆居中为止。

(3) 瞄准

调节目镜,使十字丝清晰。松开望远镜制动螺旋和照准部制动螺旋,先利用望远镜上的照门和准星瞄准目标,使望远镜内能看到目标物像,然后旋紧上述两制动螺旋。转动物镜调焦螺旋使物像清晰，注意消除视差。旋转望远镜和照准部微动螺旋，使十字丝的纵丝精确地瞄准目标。

（4）读数

照准目标后，打开反光镜，并调整其位置，使读数窗内进光明亮均匀。然后进行读数显微镜调焦，使读数窗内分划清晰，最后读取度盘读数并记录。

5.4 什么是直线丈量？如何进行直线定线？

为各种工程服务的测量工作，除需要测量地面上两点间的高差及两相交直线的水平角和竖直角外，经常还要测量两点间的水平距离。水平距离就是指地面上两点在水平面投影后的直线距离，如图5-7所示。

为了完成各种测量任务，需要在地面上设立很多点，这些点要用较坚固，易于保存的标志表示出来。如果该标志使用期限较短，可用直径3～5cm，长约20～50cm的木桩打入土中（桩顶比地面略高1～2cm），顶桩钉小钉表示点的精确位置。如果该标志使用期限较长，需用石桩、铁桩或混凝土桩、在山区也可在岩石上刻凿记号，在这些桩位上，通常以"+"表示点的精确位置。为了观测方便，经常在地面点的标志上设立观测目标，一般常用的有测钎、标杆和垂球架，如图5-8所示。在地面起伏较大的情况下标杆和垂球架还可以作为丈量水平距离时的投点。

直线丈量的方法，根据使用工具和仪器的不同，可分为用尺直接丈量、视距测法和激光测距等。目前在工程测量中，使用最多的还是前两种测法。

丈量的工具有以下几种：

图 5-7 水平距离

图 5-8 设立观测目标

钢尺：一般为 20m、30m、50m，刻划到 mm。多用于精度较高的量距工作，如导线、工程测设等。

皮尺：一般为 20m、30m、50m，刻划到 cm。精度低于钢尺。

绳尺：一般为 50m、100m，刻划到 m。多用在低精度的量距工作，如衡量距离或测图。

标杆：一般长为 2m，用以标定直线或点位。

垂球架：在地面起伏较大的情况下丈量水平距离时，作为投点和测角觇标使用。

测钎：用以标记量尺位置和计算已量的整尺段数。

直线定线：当两个地面点间的距离不能一次丈量，需要分段丈量时，在两点之间的直线上就要设立一些方向标志（节点）来标明直线的位置。以便沿直线丈量两点间的水平距离，这个工作叫直线定线。直线定线可以采用标杆定线和经纬仪定线。

采用标杆定线时，如图 5-9 所示，A、B 为地面上待测距离的两个端点，要在 A、B 直线上定出 1、2 等点。先在 A、B 点上竖标杆，甲在 A 点标杆后 1～2m 处，指挥乙左右移

图 5-9 标杆定线

动,直到 A、2、B 三根标杆在同一直线上。同法可以定出直线上其他点。一般定线时,点与点的间距宜稍短于一整尺长。

采用经纬仪定线时,甲先将经纬仪安置在 A 点并对中整平,乙将一根标杆先立于 B 点,然后甲操作经纬仪瞄准标杆,拧紧水平制动螺旋和望远镜制动螺旋,而后,甲指挥乙持标杆前进至点 1 附近并左右移动标杆,至标杆与望远镜十字丝竖丝重合时定下 1 点的位置。同样方法可以定出直线上的其他点。

5.5 如何识读地形图?

地形图上的主要内容是用各种线画符号和文字注记所表示的地物和地貌,通过这些符号和注记认识地球表面的自然形态,全面了解制图区域的地理概况、各要素的相互关系。为了正确应用地形图,首先必须看懂地形图。下面以图 5-10 所示的一幅 1∶10000 比例尺地形图(局部)为例介绍地形图的识读方法。通过地形图的阅读分析获取全图区域内的地理环境的全面信息,找出事物之间的内在联系。

(1)地形图的图廓外注记

通过地形图的图廓外注记识读,可全面了解地形图的基本情况。地形图图廓外注记的内容包括:图号、图名、接图表、比例尺、坐标系统和高程系统、图式版本、等高距、测图时间、测绘电位、图廓线、坐标格网、三北方向线和坡度尺等，它们分布在东、南、西、北四面图廓线外。

1）图号、图名和接图表

为了区别各种地形图所在的位置和拼接关系，每一幅地形图都编有图号和图名。图号是根据统一的分幅进行编号的；图名是用本图内最著名的地名、最大的村庄或突出的地物、地貌等的名称来命名的。图号、图名注记在北图廓上方的中央，如图 5-10 上方所示。在图的北图廓左上方，画有该幅图四邻各图号（或图名）的略图，称为接图表。中间一格画有斜线的代表本图幅，四邻分别注明相应的图号（或图名）。接图表的作用是便于查找到相邻的图幅。

2）比例尺

如图 5-10 下方所示，在每幅图南图框外的中央均注有数字比例尺，在数字比例尺下方绘出图示比例尺，其作用是便于用图解法确定图上直线的距离。对于 1∶500、1∶1000 和 1∶2000 等大比例尺地形图，一般只注明数字比例尺，不注明图示比例尺。

（2）地物与地貌的识别

应用地形图应了解地形图所使用的地形图图式，熟悉一些常用的地物和地貌符号，了解图上文字注记和数字注记的确切含义。地形图上的地物、地貌是用不同的地物符号和地貌符号表示的。

比例尺不同，地物、地貌的取舍标准也不同，随着各种建设的不断发展，地物、地貌又在不断改变。要正确识别地物、地貌，阅读前应先熟悉测图所用的地形图图式、规范和测图日期。下面分别介绍地物、地貌的识别方法。

1）地物的识别

识别地物的目的是了解地物的大小种类、位置和分布情况。通常按先主后次的程序，并顾及取舍的内容与标准进行。按照地物符号先识别大的居民点、主要道路和用图需要的地物，然后再扩大到识别小的居民点、次要道路、植被和其他地物。通过分析，就会对主、次地物的分布情况，主要地物的位置和大小形成较全面的了解。

2）地貌的识别

识别地貌的目的是了解各种地貌的分布和地面的高低起伏状况。识别时，主要是根据基本地貌的等高线特征和特殊地貌（如陡崖、冲沟等）符号进行。山区坡陡，地貌形态复杂，尤其是山脊和山谷等高线犬牙交错，不易识别。可先根据水系的江河、溪流找出山谷、山脊系列，无河流时可根据相邻山头找出山脊。再按照两山谷间必有一山脊，两山脊间必有一山谷的地貌特征，即可识别山脊、山谷地貌的分布情况。结合特殊地貌符号和等高线的疏密进行分析，就可以较清楚地了解地貌的分布和高低起伏情况。最后将地物、地貌综合在一起，整幅地形图就像立体模型一样展现在眼前。

等高线的特性：

① 同一等高线上各点的高程必相等；

② 高程为一闭合线，如不在本幅图内闭合，则在相邻的其他图幅内闭合；

③ 除悬崖、峭壁外，不同高程的等高线不能相交；

④ 山脊和山谷的等高线与山脊线和山谷线成正交关系；

⑤ 在同一幅图内，等高线平距的大小与地面坡度成反比。平距大，地面坡度缓，等高线稀疏；平距小，地面坡度陡，等高线密；平距相等，则坡度相等。

图 5-10 潮莲地形图

5.6 建筑工程施工控制测量如何设置施工控制网？

村镇农宅、城镇街区或大中型工矿企业均由多栋建筑物组成，其占地面积较大且往往分批分期开工兴建。因此各栋建筑物的定位和放线工作一般都按施工顺序分批进行。为保证施工测量的精度和速度，使建筑物的平面位置和高程严格符合设计要求，互相联系，而形成统一的整体，施工测量须遵照"先整体后局部"的工作程序，先在整个建筑场地内建立统一的控制网作为每栋建筑物定位和放线的依据。

在建筑物场地内可以采用导线作为施工的控制网，但敷设导线和用导线测设建筑物均需做大量计算工作，因此除特殊情况外一般不采用。由于建筑物一般为矩形而且多沿着两个互相垂直的方向布置，因此，为了使建筑物定位放线工作方便并易于保证精度，控制网一般多采用格网形式，如图 5-11 的建筑方格网或施工方格网。它不仅是施工时建筑物定位放线的依据，而且是竣工后测绘竣工图和建筑物改建、扩建的依据。

图 5-11 建筑方格网

建筑方格网的设计一般在施工总平面图上进行，多由边长 100～200m 的正方形或矩形组成，每格的大小视建筑物的尺寸而定。方格网一般与建筑物的轴线平行，方格网交点（及控制点）的位置多选在靠近建筑物的设计人行道或绿化带上,并使其接近欲测设的建筑物,相邻点间应保持通视,各点点位应不受施工影响而能长期保存。

测设方格网时,先根据方格网主轴线交点(图中的 O)及测量控制点(图中的 A、B、C、F 等)的坐标,反算出主轴线交点到测量控制点的水平距离 D 及其与已知方向的夹角 α,用极坐标精确测设出主轴线的交点位置及方向(图中的 OX、OY),然后再根据主轴线的位置、方向及格网的设计边长,用经纬仪和钢尺测设出格网的其余各点。为了长期保存,方格网交点均应设置固定标志,如混凝土桩或石桩等。

在多数情况下,施工方格网各点也同时作为高程控制点(在标石上除有固定平面点位的标志外,另设一半球形标志作为高程控制点),但是考虑到这些点在施工中有可能被破坏,因此还必须在可靠的地方设置一些校核用的水准点。

5.7 如何进行建筑物主轴线的测设?

乡镇的各项建设要按统一的规划要求进行,因此建筑用地的边界,要经规划部门和设计部门商定,并由规划部门的拨地单位在现场直接测设。图 5-12 (a)、(b) 中的甲、乙两点,就是拨地单位在现场测设的建筑用地边界点,叫做"建筑线"桩。建筑线一般均与街道中心线平行。

图 5-12 (b) 中,欲根据甲乙建筑线桩测设 17 号和 18 号楼的主轴线 AB、CD 和 EF、GH,可先安置经纬仪在甲点上,照准乙点,在视线方向上用钢尺量距,依次钉出 H'、F' 与 D'、B' 各桩(桩上钉中心钉)。然后,分别在 H' 和 B'

图 5-12 建筑物主轴线测设示意图

点安置经纬仪，精确测设 90°角，并在所得方向线上钉出 H、G 和 B、A 各桩。随后安置经纬仪于 G 点和 A 点，检查 $\angle H'GA$ 与 $\angle GAB'$ 是否等于 90°，用钢尺检查 AG 是否等于 $B'H'$，如误差在允许范围以内，应根据情况做适当调整。最后根据矩形 $ABHG$ 测设出 C、D、E、F 各点，即得到17号楼、18号楼的主轴线 AB、CD 与 EF、GH。

(1) 根据与现有建筑物的关系测设主轴线

在建筑群内新建或扩建时，设计图上往往给出拟建筑物与原有建筑物或道路中心线的位置关系。此时，其主轴线可以根据给定的关系测设。图 5-13 中所表示的是几种常见的情况。画有斜线的为拟建筑物。

1) 图 5-13 (a)，为了准确地做 AB 的延长线 BMN，应先做 AB 边的平行线 $A'B'$ (可以用 3-4-5 法或顺小线法——即用小线延长一直线方向)。然后在 B' 点安置经纬

图 5-13　根据与现有建筑物的关系测设主轴线的几种情况

仪,做 $A'B'$ 的延长线 $M'N'$,再安置经纬仪于 M' 和 N' 点作垂线即得到主轴线 MN。

2) 图 5-13 (b),按上法测得 M' 后,安置经纬仪于 M' 点作垂线即得到主轴线 MN。

3) 图 5-13 (c),拟建筑物的主轴线平行于道路中心线,测法是先找出路中线然后用经纬仪作垂线即可得到主轴线。

(2) 根据方格网测设主轴线

在施工现场有建筑方格网时,可根据建筑物各角点的坐标测设主轴线。如图 5-14 所示,建筑物角点坐标已知(见表 5-1),由相应点的坐标值可算得建筑物长度 $a=886.000-630.000=256.000$m 和宽度 $b=700.000-664.000=36.000$m。

图 5-14　根据方格网测设主轴线示意图

建筑物角点坐标
表 5-1

点	x(m)	y(m)
A	664.000	630.000
B	664.000	886.000
C	700.000	630.000
D	700.000	886.000

测设主轴线 AB、CD 时，先安置经纬仪于 p 点照准 q 点，在视线上自 p 点量取 A 点与 p 点横坐标之差 （630.000－600.000＝30.000m）得 m 点。再沿视线自 q 点量取 B 点与 q 点横坐标之差 （886.000－800.000＝86.000m）得 n 点。然后，安置经纬仪于 m 点，后视 q 点，用测回法反时针方向测设 90°角，在视线上量 A 点与 m 点纵坐标之差 （即 664.000－690.000＝64.000m）得 A 点。在这个方向上有 A 点量建筑物宽度 b＝36.000m 得 C 点。最后，安置经纬仪于 n 点，同法定出 B 点及 D 点。为了检查所测设的点位是否正确，可实量 AB、CD，看其是否等于建筑物长度 a。

(3) 根据控制点的坐标测设主轴线

在山区或建筑场地障碍较多敷设方格网比较困难时，可以根据建筑场地附近的导线点、三角点等控制点和建筑物主轴线的设计坐标，用极坐标法或角度交会法测设主轴线。

如图 5-15 所示，控制点 Ⅰ、Ⅱ 的坐标 (x, y) 已知，主轴上 C、D 的设计坐标 (x, y) 也已给定。用极坐标法测设主轴线 CD 时，先根据 Ⅰ、Ⅱ、C 三点坐标反算出夹角 α_C 和距离 ⅠC；根据 Ⅰ、Ⅱ、D 三点坐标反算出

图 5-15 根据控制点的坐标测设主轴线示意图

夹角 α_D 和距离 ⅡD。然后安置仪器于 Ⅰ 点，后视 Ⅱ 点，顺时针测设 α_D 角，在视线方向上量 ⅠD 得 D 点；再测设 α_C 角，在视线方向上量 ⅠC 得 C 点。这样 D、C 两点就在地面

上测设出来了。为了校核，同法计算出夹角 β_C、β_D 和距离 ⅡC、ⅡD，再分别测设出 C、D 两点，两次所测设的 C、D 两点位置应相同（也可以实量 CD 距离作为校核），若误差在允许范围以内时，则分别取其中一点作为最后结果。

若控制点距离较远或在山区量距困难时，可以用角度交会法测设出 CD 两点。即用两架经纬仪分别安置于Ⅰ、Ⅱ两点上测设出 α_C、β_D 角，两架仪器视线交点即为 C 点。同法分别测设 α_D、β_D，两架仪器视线的交点即为 D 点。为了保证交会精度，一般规定应用三个方向交会，交角在 30°～150°之间。

5.8 什么是建筑物放线？

建筑物放线是指根据已测好的主轴线，详细测设建筑物各轴线交点位置，并用木桩（桩顶钉小钉）标志出来，叫做中心桩。再根据中心桩位置用石灰撒出基槽边界线。

由于在施工开槽时中心桩要被挖掉，因此，在基槽外各轴线的延长线上应钉施工控制桩（也叫保险桩或引桩），作为开槽后各阶段施工中确定轴线位置的依据。控制桩一般钉在槽边外 2～4m（最好与中线距离为整米数）、不受施工干扰并便于引测和保存桩位的地方。为了保证控制桩的精度，在大型建筑物的放线中，控制桩是与中心桩一起测设的，有的甚至是先测设控制桩，再根据控制桩测设中心桩；在一般小型建筑物放线中，控制桩多根据中心桩测设。

在一般民用建筑中，为了方便施工，还在基槽外一定距离处设龙门板，如图 5-16 所示。钉设龙门板的步骤如下：

图 5-16 龙门板设置示意图

1) 在建筑物四角与隔离两端基槽外边 1.0~1.5m（根据土质情况和挖槽深度确定）的地方钉设龙门桩。龙门桩要钉得坚直、牢固，桩面与基槽平行。

2) 根据建筑场地水准点的高程，在每个龙门桩上测设出室内（或室外）地坪设计高程线及±0.000 标高线。若遇到现场条件不许可时，也可测设比±0.000 高或低一定数值的线。但同一个建筑物最后只选用一个标高。如地形起伏较大选用两个标高时，一定要标注清楚，以免使用时发生错误。

3) 沿龙门桩上测设的高程线钉设龙门板。这样龙门板顶面的标高就在一个水平面上了。

4) 用经纬仪将墙、柱中心线投到龙门板顶面上，并钉小钉标明，叫做中心钉。

5) 把中心钉钉在龙门板上以后，应用钢尺沿龙门板高面检查中心钉的间距是否正确，作为测设校核。经校对合格后，以中心钉为准，将墙宽、基槽宽标在龙门板上，最后根据基槽上口宽度拉上小线撒出基槽灰线。

龙门板的优点是：标志明显便于使用，它可以控制±0.000以下各层的标高和槽宽、基础宽、墙宽，并使放线工作能集中进行。龙门板的最大缺点是需要较多的木材而且占用场地，使用机械挖槽时龙门板不易保存。所以，近几年来有的施工单位就少钉或不钉龙门板，而只钉中心桩和控制桩，这样，测量人员就更应注意紧密配合施工及时给出标志，以保证施工顺利进行。

5.9 施工过程中如何进行基槽的施工测量？

施工中基槽（或基坑）是根据基槽灰线破土开挖的。当挖土快到槽底设计标高时应在槽壁上测设距槽底设计标高为某一整数（如0.500m）的水平桩（俗称平桩），如图5-17所示，用以控制挖槽深度。

图5-17 基槽施工测量

基槽内水平桩一般多根据施工现场已测设好的±0.000标志或龙门板顶标高（经过校核）测设。例如图5-17中，槽底的设计标高为-1.500m（即比±0.000低1.500m），为测设比槽底设计标高高0.500m的水平桩，首先，利用龙门板顶标高（±0.000）测得后视读数为 xm，计算出水平桩上皮的应读前视读数为 $x+(1.500-0.500)=x+1.000$m。然后，立尺于槽内并上下移动，当水准仪视线正读到 $x+1.000$m 时，即可沿尺底钉出水平桩。为施工时使用方便，一般在槽壁各拐角处和槽壁每隔 3～4m 处均测设一水平桩，必要时，可沿用水平桩上皮在槽壁上弹出水平墨线，作为开槽和打基础垫层时掌握高程的依据。

垫层打好后，利用控制桩或龙门板上中心钉，在垫层上用墨线弹出墙中线和基础的边线，俗称撂底。由于整个墙身砌筑均以此线为准，是确定建筑物位置的关键环节，所以要严格校核。然后立好基础皮数杆，即可开始砌筑基础。当墙身砌到 ±0.000 标高下一层砖时，根据水准仪测设的水平线做好防潮层，立上皮数杆，再向上砌筑。

5.10 简述皮数杆的画法和测设方法?

皮数杆（也叫线杆）是砌墙时掌握标高和砖行水平的主要依据，一般立在建筑物拐角和隔墙处，如图 5-18 所示。皮数杆上除画出砖的行数外，还画有门窗口、过梁、预留口、木砖等位置和尺寸大小。

画皮数杆的主要依据，是建筑物剖面图及各构件的标高尺寸等。画皮数杆一般有两种方法：一种是门窗口、预留孔、各构件的标高可以稍有变动，这时把皮数杆画成整皮数，上下移动一下门窗口、预留孔、构件等的位置；另一种是，门窗口、预留孔、各构件设计标高有一定工艺要求不能变动，这时可把灰缝加大或减小凑成整皮数，画出皮数杆。

图 5-18 皮数杆设置示意图

目前,有点施工单位以灰缝大小不同,预先做好几种标准皮数杆,画皮数杆时可根据情况选用,这就减少了计算转行数工作,提高了工作效率。

立皮数杆时,先在地面上打一木桩,用水准仪测设出±0.000标高位置(立基槽皮数杆时,可测设比垫层高一个整分米数的高程)然后,把皮数杆上的±0.000线与木桩上±0.000对齐、钉牢。为了方便施工,采用里脚架时,皮数杆应立在墙外边;采用外脚手架时,皮数杆应立在墙里边。皮数杆钉好后,要用水准仪进行检验。

5.11 多层建筑物如何进行轴线投测和标高传递?

(1) 轴线投测

为了将建筑物基础轴线准确地向上层引测,并保证各层相应的轴线位于同一竖直面内。要控制与检核轴线向上投测的竖直偏差值在本层内不超过5mm,全楼的累计偏差值不超过20mm。

多层建筑物的基础工程完工后,须用经纬仪将建筑物的主轴线(或称中心轴线)精确地投测到建筑物底部,并设标志,以供下一步施工与向上投测之用。另以主轴线为基准,重新把建筑物角点投测到基础顶面,并对原来所作的柱列轴线进行复核,然后再分量各开间柱列轴线间的距离,往返丈量距离的精度要求与基础轴线测设精度相同。

随着建筑物的升高,要逐层将轴线向上投测传递。向上投测传递轴线时,是将经纬仪安置在远离建筑物的轴线控制桩上,分别以正、倒镜两投测点的中点,即得投测在该层上的轴线点。按此方法分别在建筑物纵、横主轴线的四个轴线控制桩上架设经纬仪,就可在同一层楼面上投测出四个轴线点。楼面上纵、横轴线点连线的交点,即为该层楼面的投测中心。

为了保证投测质量,经纬仪一定要经过校正,安置仪器一定要严格对中、定平。为了防止仰角过大,投测不方便,经纬仪距建筑物的水平距离一定要大于建筑物的高度。

(2) 标高传递

多层建筑物施工中,要由下层楼面向上层传递标高,以使上层楼板、门窗口、室内装修等工程的标高符合设计要求。标高传递一般可采用以下几种方法:

① 利用皮数杆传递标高:在皮数杆上自±0.000m标高线起,门窗口、过梁、楼板等构件的标高都已注明。一层楼砌好后,则从一层皮数杆起一层一层往上接。

② 利用钢尺直接丈量：在标高精度要求较高时，可用钢尺沿某一墙角自±0.000标高处起向上直接丈量，把标高传递上去。然后根据由下面传递上来的高程立皮数杆，作为该层墙身砌筑和安装门窗、过梁及室内装修、地坪抹灰时控制标高的依据。

③ 悬吊钢尺法：在楼梯间悬吊钢尺，钢尺下端挂一重锤，使钢尺处于铅垂状态，用水准仪在下面与上面楼层分别读数，按水准测量原理把高程传递上去。

第 6 章 常用建筑材料

6.1 什么是水泥？建筑水泥如何分类？

水泥是一种加水拌合而成的塑性浆体，能胶结砂、石等适当材料，并能在空气和水中硬化的粉状水硬性胶凝材料。水硬性，是指一种材料磨成细粉和水拌成浆后，能在潮湿空气中和水中硬化并形成稳定化合物的性能。

根据国家标准的水泥命名原则《水泥的命名、定义和术语》（GB/T 4131—1997）的规定，水泥按其用途和性能分为通用水泥、专用水泥和特性水泥三类。一般土木建筑工程通常采用的水泥为通用水泥，如硅酸盐水泥、矿渣硅酸盐水泥等；适于专门用途的水泥称为专门水泥，如中、低热水泥、道路水泥、砌筑水泥等；具有某种性能比较突出的水泥称为特性水泥，如快硬硅酸盐水泥、抗硫酸盐水泥、膨胀水泥等。水泥按其主要水硬性矿物名称又可分为硅酸盐水泥、铝酸盐水泥、硫铝酸盐水泥、氟铝酸盐水泥等。虽然水泥品种繁多，分类方法各异，但我国水泥产量的 90% 左右属以硅酸盐为主要水硬性矿物的硅酸盐水泥。按我国国家标准，硅酸盐水泥是一种不掺（或掺很少量）混合材料的水泥。

6.2 什么是硅酸盐水泥？其强度等级如何划分？

凡由硅酸盐水泥熟料、0~5% 石灰石或粒化高炉矿渣、适量石膏磨细制成的水硬性胶凝材料,称为硅酸盐水泥(即国外通称的波特兰水泥)。硅酸盐水泥分两种类型,不掺加混合材料的称Ⅰ型硅酸盐水泥,代号P·Ⅰ。在硅酸盐水泥磨粉时,掺加不超过水泥质量5%的石灰石或粒化高炉矿渣混合材料的称为Ⅱ型硅酸盐水泥,代号为P·Ⅱ。根据国家标准《通用硅酸盐水泥》(GB 175—2007)规定,硅酸盐水泥分为42.5、42.5R、52.5、52.5R、62.5、62.5R六个强度等级。

水泥强度是表征水泥力学性能的重要指标,它与水泥的矿物组成、水泥细度、水灰比大小、水化龄期和环境温度等密切相关。为了统一实验结果的可比性,水泥强度必须按《水泥胶砂强度试验方法(ISO法)》(GB/T 17671—1999)的规定制作试块,养护并测得其抗压和抗折强度值。该值是评定水泥等级的依据。

水泥强度等级按规定龄期的抗压强度和抗折强度来划分,各强度等级水泥的各龄期强度不得低于表6-1中的数值。

硅酸盐水泥的强度要求 (GB 175—2007)　　　表6-1

品种	强度等级	抗压强度(MPa)		抗折强度(MPa)	
		3d	28d	3d	28d
硅酸盐水泥	42.5	≥17.0	≥42.5	≥3.5	≥6.5
	42.5R	≥22.0	≥42.5	≥4.0	≥6.5
	52.5	≥23.0	≥52.5	≥4.0	≥7.0
	52.5R	≥27.0	≥52.5	≥5.0	≥7.0
	62.5	≥28.0	≥62.5	≥5.0	≥8.0
	62.5R	≥32.0	≥62.5	≥5.5	≥8.0

注:R为早强型。

6.3 什么是水泥的安定性？

水泥体积安定性简称水泥安定性，是指引起开裂水泥浆体硬化后体积变化的稳定性。用沸煮法检验必须合格。安定性不良的水泥，在浆体硬化过程中或硬化后产生不均匀的体积膨胀，并引起开裂。

水泥安定性不良的主要原因是熟料中含有过量的游离氧化钙、游离氧化镁或掺入的石膏过多。因上述物质均在水泥硬化后开始或继续进行水化反应，其反应产物体积膨胀而使水泥石开裂。因此，国家标准规定，水泥熟料中游离氧化镁含量不得超过5%，三氧化硫含量不得超过3.5%，用沸煮法检验必须合格。体积安定性不合格的水泥不能用于工程之中。

6.4 硅酸盐水泥如何储存和使用？

水泥在运输和保管期间，不得受潮和混入杂质，不同品种和等级的水泥应分别贮运，不得混杂。散装水泥应有专用运输车，直接卸入现场特别的贮仓，分别存放。袋装水泥堆放高度一般不应超过10袋。存放期一般不应超过3个月，超过6个月的水泥必须经检验才能使用。

硅酸盐水泥强度较高，常用于重要结构的高等级混凝土和预应力混凝土工程中。由于硅酸盐水泥凝结硬化较快，抗冻和耐磨性能好，因此也适用于要求凝结快、早期强度高、冬季施工及严寒地区遭受反复冻融的工程。

硅酸盐水泥水化后含有较多的氢氧化钙，因此其水泥石抵抗软水侵蚀和抗化学腐蚀的能力差，不宜用于受流动的软水和有水压作用的工程，也不宜用于受海水和矿物水作用的

常用水泥的主要技术性能　　表6-2

性能 \ 水泥品种(代号)	硅酸盐水泥(P·I, P·II)	普通硅酸盐水泥(P·O)	矿渣硅酸盐水泥(P·S)	火山灰质硅酸盐水泥(P·P)	粉煤灰硅酸盐水泥(P·F)	复合硅酸盐水泥(P·C)
水泥中混合材料掺量	0~5%	活性混合材料6%~15%,或非活性混合材料10%以下	粒化高炉矿渣20%~70%	火山灰质混合材料20%~50%	粉煤灰20%~40%	两种或两种以上的混合材,其掺量为15%~50%
密度(g/cm³)	3.0~3.15		2.8~3.1			
堆积密度(kg/cm³)	1000~1600		1000~1200	900~1000	1000~1200	
细度	比表面积>300m²/kg		80μm方孔筛余≤10%或45μm方孔筛余≤30%			
凝结时间 初凝	>45min					
凝结时间 终凝	<6.5h		<10h			
体积安定性	沸煮法必须合格(若试饼法和雷氏法两者有争议,以雷氏法为准)					
体积安定性 MgO	含量<5.0%					
体积安定性 SO₃	含量<3.5%(矿渣水泥含量<4.0%)					
强度等级 龄期	抗压(MPa) 抗折(MPa)	抗压(MPa) 抗折(MPa)	抗压(MPa) 抗折(MPa)	抗压(MPa) 抗折(MPa)	抗压(MPa) 抗折(MPa)	抗压(MPa) 抗折(MPa)

续表

水泥品种(代号) 强度等级	性能	硅酸盐水泥(P·I,P·II)	普通硅酸盐水泥(P·O)	矿渣硅酸盐水泥(P·S)	火山灰质硅酸盐水泥(P·P)	粉煤灰硅酸盐水泥(P·F)	复合硅酸盐水泥(P·C)
32.5	3d	—	≥11.0	≥10.0			≥11.0
	28d	—	≥32.5	≥32.5			≥32.5
32.5R	3d	—	≥16.0	≥15.0		≥2.5	≥16.0
	28d	—	≥32.5	≥32.5		≥5.5	≥32.5
42.5	3d	≥17.0	≥16.0	≥15.0		≥3.5	≥16.0
	28d	≥42.5	≥42.5	≥42.5		≥5.5	≥42.5
42.5R	3d	≥22.0	≥21.0	≥19.0		≥3.5	≥21.0
	28d	≥42.5	≥42.5	≥42.5		≥6.5	≥42.5
52.5	3d	≥23.0	≥22.0	≥21.0		≥4.0	≥22.0
	28d	≥52.5	≥52.5	≥52.5		≥6.5	≥52.5
52.5R	3d	≥27.0	≥26.0	≥23.0		≥4.0	≥26.0
	28d	≥52.5	≥52.5	≥52.5		≥7.0	≥52.5
62.5	3d	≥28.0	—			≥4.5	—
	28d	≥62.5	—			≥7.0	—
62.5R	3d	≥32.0	—			—	—
	28d	≥62.5	—			—	—
碱含量		用户要求低碱水泥时,按 $Na_2O+0.685K_2O$ 计算的碱含量,不得大于 0.6%,或由供需双方商定					

表 6-3 常用水泥的特性及适用范围

		硅酸盐水泥	普通硅酸盐水泥	矿渣硅酸盐水泥	火山灰硅酸盐水泥	粉煤灰硅酸盐水泥
特性	硬化	快	较快	慢	慢	慢
	早期强度	高	高	低	低	低
	水化热	高	较高	低	低	低
	抗冻性	好	较好	差	差	差
	耐热性	差	较差	好	较差	较差
	干缩性	较小	较小	较大	较大	较小
	抗渗性	较好	较好	差	较好	较好
	耐蚀性	差	较差	好	好	好
适用范围		①制造地上、地下及水中的钢筋混凝土结构,包括受冻融循环作用的结构,早期强度要求高的工程 ②配制建筑砂浆	与硅酸盐水泥基本相同	①大体积工程 ②高温车间和有耐热混凝土结构要求的工程 ③蒸汽养护的构件 ④一般地上、地下水中的钢筋混凝土结构 ⑤有抗硫酸盐侵蚀的工程 ⑥配制建筑砂浆	①地上、地下水中大体积混凝土结构要求的工程 ②蒸汽养护的构件 ③有抗硫酸盐侵蚀的工程 ④一般混凝土工程 ⑤钢筋混凝土工程 ⑥配制建筑砂浆	①地上、地下、水中大体积混凝土结构工程 ②蒸汽养护的构件 ③抗裂的构件 ④抗硫酸盐侵蚀的工程 ⑤一般混凝土工程 ⑥配制建筑砂浆
不适用工程		①大体积混凝土工程 ②受化学及海水侵蚀的工程 ③耐热要求较高的工程 ④有流动水及压力水作用的工程	同硅酸盐水泥	①早期强度要求较高的混凝土工程 ②有抗冻要求的混凝土工程 ③干燥环境的混凝土工程 ④有耐磨性要求的混凝土工程	①早期强度要求较高的混凝土工程 ②有抗冻要求的混凝土工程 ③干燥环境要求的混凝土工程 ④有耐磨性要求的混凝土工程	①早期强度要求较高的混凝土工程 ②有抗冻要求的混凝土工程 ③有抗碳化要求的混凝土工程

工程。由于硅酸盐水泥水化时放出的热量大，因此不宜用于大体积混凝土工程中。不能用硅酸盐水泥配置耐热混凝土，也不宜用于耐热要求高的工程中。

6.5 通用水泥（掺混合材料的硅酸盐水泥）的选用原则是什么？

通用水泥是土建工程中用途最广、用量最大的水泥品种。为了便于查阅和选用，现将其主要技术性质（见表6-2）、特性和选用原则（见表6-3）列出供参考。

6.6 普通混凝土由哪些材料组成？

普通混凝土的基本组成材料是水泥、水、天然砂和石子，另外还常掺入适量的掺合料和外加剂。砂、石在混凝土中起骨架作用，故称为骨料。水泥和水形成水泥浆，包裹在砂粒表面并填充砂粒间的空隙而形成的水泥砂浆，水泥砂浆又包裹石子，并填充石子间的空隙而形成混凝土如图6-1所示。在混凝土硬化前，水泥浆起润滑作用，赋予混凝土拌合物一定的流动性，便于施工。水泥浆硬化后，起胶结作用，把砂石骨料胶结在一起，称为坚硬的人造石材，并产生力学强度。

图6-1 硬化混凝土结构

6.7 什么是混凝土拌合物的和易性？包括哪几方面的性能？

混凝土的各种组成材料按一定比例配合、搅拌而成的尚未凝固的材料，称为混凝土拌合物，又称新拌混凝土。混凝土拌合物必须具备良好的和易性，才能便于施工和获得均匀而密实的混凝土，从而保证混凝土的强度和耐久性。

混凝土拌合物的和易性是指混凝土在施工中是否易于操作，是否具有能使所浇筑的构件质量均匀、成型、易于密实的性能。所谓和易性好，是指混凝土拌合物容易拌合，不易发生砂、石或水分离析现象，浇模时填满模板的各个角落，易于捣实，分布均匀，与钢筋粘结牢固，不易产生蜂窝、麻面等不良现象。和易性是一项综合的技术性质，包括有流动性、黏聚性和保水性等涵义。可见，和易性是一项综合性能。

流动性：指混凝土拌合物在自重或机械振动作用下能产生流动，并均匀、密实地填满模板的性能。流动性的大小反映拌合物的稠稀，它影响施工难易及混凝土结构质量。

黏聚性：指混凝土拌合物中各种组成材料之间有较好的黏聚能力，在运输和浇筑过程中，不致产生分层离析，使混凝土保持整体均匀的性能。黏聚性差的拌合物中水泥浆或砂浆与石子易分离，混凝土硬化后会出现蜂窝、麻面、空洞等不密实现象，严重影响混凝土结构质量。

保水性：指混凝土拌合物保持水分，不易产生泌水的性能。保水性差，泌水倾向加大，振捣后拌合物中的水分泌出、上浮，使水分流经的地方形成毛细孔隙，成为渗水通道；上浮到表面的水分，形成疏松层，如上面继续浇灌混凝土，则新旧混凝土之间形成薄弱的夹层；上浮过程中积聚在石子和钢筋下面的水分，形成水隙，影响水泥浆与石子和钢筋的粘结。

6.8 如何测定混凝土的坍落度?

将混凝土拌合物按规定的试验方法装入标准坍落度筒（圆台形筒）内，装捣刮平后，将筒垂直向上提起，这时锥形拌合物因自重而产生坍落，量测筒高与坍落后混凝土试体最高点之间的高度差，以 mm 计，即为该混凝土拌合物的坍落度值（图 6-2）。坍落度越大，表示混凝土拌合物的流动性越大。

图 6-2 混凝土拌合物坍落度的测定

在测定坍落度的同时，用目测的方法以直观经验评定粘聚性和保水性。粘聚性的检验方法是用捣棒在已坍落的混凝土拌合物锥体一侧轻轻敲打，如果锥体逐渐下沉，则表示粘聚性良好；如果锥体突然倒塌、部分崩裂或出现离析现象，则表示粘聚性不好。保水性的检查则是观察混凝土拌合物中稀浆的析出程度，如有较多的稀浆从锥体底部流出，锥体部分也因失浆而骨料外露，则表示混凝土拌合物的保水性不好；如坍落筒提起后无稀浆或仅有少量稀浆自底部析出，则表示混凝土拌合物保水性良好。

6.9 如何划分混凝土的抗压强度与强度等级？

混凝土的抗压强度，是指其标准试件在压力作用下直到破坏时单位面积所能承受的最大应力。根据《普通混凝土力学性能试验方法》（GB/T 50081—2002）制作 150mm×150mm×150mm 的标准立方体试件，在标准条件（温度 20℃±3℃，相对湿度 90% 以上）下，或在水中养护到 28d 龄期，所测得的抗压强度值为混凝土立方体抗压强度，以 f_{cu} 表示。

混凝土强度等级采用符号 C 与立方体抗压强度标准值（以 N/mm^2 即 MPa）表示，共划分成 C7.5、C10、C15、C20、C25、C30、C35、C40、C45、C50、C55、C60、C65、C70、C75 及 C80 共 16 个强度等级。例如，C40 表示混凝土立方体抗压强度标准值 $f_{cu,k}=40MPa$。

6.10 如何确定混凝土的轴心抗压强度？

确定混凝土强度等级采用立方体试件，但实际工程中钢筋混凝土构件形式极少是立方体的，大部分是棱柱体型或圆柱体型。为了使测得的混凝土强度接近于混凝土构件的实际情况，在钢筋混凝土结构计算中，计算轴心受压构件（例如柱子、桁架的腹杆等）时，都采用混凝土的轴心抗压强度 f_{cp} 作为设计依据。

根据《普通混凝土力学性能试验方法标准》（GB/T 50081—2002）的规定，轴心抗压强度采用 150mm×150mm×300mm 的棱柱体作为标准试件。如有必要，也可采用非标准尺寸的棱柱体试件。轴心抗压强度值 f_{cc} 比同截面的立方体抗压强度值 f_{cc} 小，棱柱体试件高宽比 h/a 越大，轴心抗压强度越小，但当 h/a 达到一定值后，强度不再降低。在立方体抗压强度 f_{cc} 为 10～55MPa 范围内时，轴心抗压强度 $f_{cp} \approx (0.70\sim0.80) f_{cc}$

6.11 影响混凝土强度的主要因素有哪些?

(1) 水泥强度等级与水灰比

水泥强度等级和水灰比是决定混凝土强度最主要的因素，也是决定性因素。

水泥是混凝土中的活性组分，在水灰比不变时，水泥强度等级越高，则硬化水泥石的强度越高，对骨料的胶结力就越强，配制成的混凝土强度也就越高。在水泥强度等级相同的条件下，混凝土的强度主要取决于水灰比。水灰比越小，混凝土强度越高。

(2) 骨料的影响

骨料的强度影响混凝土的强度，一般骨料强度越高，所配制的混凝土强度越高，这在低水灰比和配制高强度混凝土时，特别明显。骨料粒形以三维长度相等或相近的球形或立方体形为好，若含有较多扁平或细长的颗粒，会增加混凝土的孔隙率，扩大混凝土中骨料的表面积，增加混凝土的薄弱环节，导致混凝土强度下降。

(3) 养护温度及湿度的影响

混凝土硬化过程中，强度的增长与温度、湿度有很大的关系。在保持一定的温度条件下，湿度越高，强度增长越快，湿度越低，强度增长越慢。当温度低于 0℃ 时硬化不但停止，并且可能因水结冰膨胀而使混凝土强度降低或破坏。混凝土养护时，如湿度不够，不仅影响混凝土强度的增长，而且易引起干缩裂纹，使混凝土表面疏松，耐久性降低，所以混凝土浇灌后，必须保持一定时间的潮湿。使用普通水泥浇水保湿应不少于 7d，使用矿渣水泥、火山灰水泥或在施工中掺用减水剂时应不少于14d；如用矾土水泥时，不得少于3d，对于有抗渗要求的混凝土不得少于14d。在夏季施工要特别注意浇水，保持必要的湿度，在冬季要特别注意保持必要的温度。

(4) 龄期

龄期是指混凝土在正常养护下所经历的时间。在正常养护条件下，混凝土的强度将随龄期的增长而不断发展，最初7～14d内强度发展较快，以后逐渐缓慢，28d达到设计强度。28d后强度仍在发展，其增长过程可延续十年之久。

6.12 什么是建筑砂浆？如何分类？

建筑砂浆是由胶结料、细骨料、掺加料和水配制而成的建筑工程材料，在建筑工程中起粘结、衬垫和传递应力的作用。建筑砂浆实为无粗骨料的混凝土，在建筑工程中是一项用量最大、用途广泛的建筑材料。在砌体结构中，砂浆可以把砖、石块、砌块胶结成砌体。墙面、地面及钢筋混凝土梁、柱等结构表面需要用砂浆抹面，起到保护结构和装饰作用。镶贴大理石、水磨石、陶瓷面砖、马赛克以及制作钢丝网水泥制品等都要使用砂浆。

根据用途、建筑砂浆可分为砌筑砂浆、抹面砂浆（如装饰砂浆、普通抹面砂浆、防水砂浆等）及特种砂浆（如绝热砂浆、耐酸砂浆等）。根据胶结材料不同，可分为水泥砂浆（由水泥、细骨料和水配制而成的砂浆）、水泥混合砂浆（由水泥、细骨料、掺加料和水配制的砂浆）、石灰砂浆等。

6.13 什么是砌筑砂浆？组成材料有哪些？

在砌体结构中，将砖、石、砌块等粘结称为砌体的砂浆称为砌筑砂浆。它起着粘结砌块、传递荷载的作用,是砌体的主要组成部分。

砌筑砂浆的组成材料有:

(1) 水泥

普通硅酸盐水泥、矿渣硅酸盐水泥、火山灰质硅酸盐水泥、粉煤灰硅酸盐水泥以及砌筑水泥等都可以用来配制砌筑砂浆。砌筑砂浆用的水泥强度等级,应根据设计要求进行选择,水泥砂浆采用的水泥,其强度等级不宜大于42.5级,水泥用量不应小于200kg/m³,水泥混合砂浆采用的水泥、其强度等级不宜大于42.5级,砂浆中水泥和掺合料总量宜为300~350kg/m³。为合理利用资源、节约材料、在配制砂浆时要尽量选用低强度等级水泥和砌筑水泥。由于混合砂浆中,石灰膏等掺加料会降低砂浆强度,因此规定水泥混合砂浆可用强度等级为42.5级的水泥。对于一些特殊用途的砂浆,如修补裂缝、预制构件嵌缝、结构加固等可采用膨胀水泥。

(2) 砂

砌筑砂浆用砂的质量要求应符合《建筑用砂》(GB/T 14684—2001)的规定。一般砌筑砂浆采用中砂拌制,既能满足和易性的要求,又能节约水泥,因此建议优先选用,其中毛石砌体宜选用粗砂。砂的含泥量不应超过5%。强度等级为M2.5的水泥混合砂浆,砂的含泥量不应超过10%。砂中含泥量过大,不但会增加砂浆的水泥用量,还可能使砂浆的收缩值增大、耐水性降低,影响建筑质量。M5.0及以上的水泥混合砂浆,如砂子含泥量过大,对强度影响较明显。因此,规定低于M5.0以下的水泥混合砂浆的砂子含泥量才允许放宽,但不应超过10%。

(3) 掺加料

掺加料是为改善砂浆和易性而加入的无机材料。例如，石灰膏、电石膏（电石消解后，经过滤后的产物）、粉煤灰、黏土膏等。掺加料应符合下列规定：

1）生石灰熟化后成石灰膏时，应用孔径不大于3mm×3mm的网过滤，熟化时间不得少于7d；磨细生石灰粉的熟化时间不得少于2d。沉淀池中贮存的石灰膏，应采取防止干燥、冻结和污染的措施。严禁使用脱水硬化后的石灰膏。

2）采用黏土或亚黏土制备黏土膏时，宜用搅拌机加水搅拌，通过孔径不大于3mm×3mm的网过筛。用比色法鉴定黏土中的有机物含量时应浅于标准色。

3）制作电石膏的电石渣应用孔径不大于3mm×3mm的网过滤，检验时应加热至70℃并保持20min，没有乙炔气味后，方可使用。

4）消石灰粉不得直接用于砌筑砂浆中。

5）石灰膏、黏土膏和电石膏试配时的稠度，应为120mm±5mm。

6）粉煤灰的品质指标和磨细生石灰的品质指标，应符合国家标准《用于水泥和混凝土中的粉煤灰》（GB 1596—2005）及行业标准《建筑生石灰粉》（JC/T 480—1992）的要求。

(4) 水

配制砂浆用水应符合现行行业标准《混凝土用水标准》（JGJ 63—2006）的规定。

(5) 外加剂

外加剂是在拌制砂浆过程中掺入，用以改善砂浆性能的物质。砌筑砂浆中掺入砂浆外加剂，应具有法定检测机构出具的该产品砌体强度型式检验报告，并经砂浆性能试验合格后，方可使用。

6.14 砌筑砂浆的稠度有什么要求?

砂浆的流动性也称稠度，是指砂浆在自重或外力作用下流动的性能，可用砂浆稠度仪测定其稠度值（即沉入度，mm）来表示。砌筑砂浆的稠度应按表 6-4 选用。

砌筑砂浆的稠度　　表 6-4

砌体种类	砂浆稠度(mm)
烧结普通砖砌体	70~90
轻骨料混凝土小型空心砌块砌体	60~90
烧结多孔砖、空心砖砌体	60~80
烧结普通砖平拱式过梁(空斗墙、筒拱) 普通混凝土小型空心砌块砌体 加气混凝土砌块砌体	50~70
石砌体	30~50

6.15 什么是抹面砂浆? 主要有哪几种，其主要性能要求是什么?

凡涂抹在建筑物或建筑构件表面的砂浆，通称为抹面砂浆（也称抹面砂浆）。

对抹面砂浆，要求具有良好的和易性，容易抹成均匀平整的薄层，便于施工；有较好的粘结能力，能与基层粘结牢固，长期使用不会开裂或脱落。

抹面砂浆的组成材料与砌筑砂浆基本相同。但为了防止砂浆层开裂，有时需要加入一些纤维材料（如纸筋、麻刀等），有时为了使其具有某些功能而需加入特殊骨料或掺合料。

抹面砂浆主要有以下几种：

(1) 普通抹面砂浆

普通抹面砂浆是建筑工程中普遍使用的砂浆。它可以保护建筑物不受风、雨、雪、大气等有害介质的侵蚀，提高建筑物的耐久性，同时使表面平整美观。

抹面砂浆通常分为两层或三层进行施工，各层抹灰要求不同，所以各层选用的砂浆也有区别。底层抹灰的作用，是使砂浆与底面能牢固地粘结，因此要求砂浆具有良好的和易性和粘结力，基层面也要求粗糙，以提高与砂浆的粘结力。中层抹灰主要是为了抹平，有时可以省去。面层抹灰要求平整光洁，达到规定的饰面要求。

底层及中层多用水泥混合砂浆。面层多用水泥混合砂浆或掺麻刀、纸筋的石灰砂浆。在潮湿房间或地下建筑及容易碰撞的部位，应采用水泥砂浆。普通抹面砂浆的流动性及骨料最大粒径参见表6-5，其配合比及应用范围可参见表6-6。

抹面砂浆流动性及骨料最大粒径 表6-5

抹面层	沉入度(人工抹面)(mm)	砂的最大粒径(mm)
底层	100～120	2.5
中层	70～90	2.5
面层	70～80	1.2

常用抹面砂浆配合比及应用范围 表6-6

材料	配合比(体积比)	应用范围
石灰：砂	(1:2)～(1:4)	用于砖石墙表面(檐口、勒脚、女儿墙及潮湿房间的墙除外)

续表

材　料	配合比（体积比）	应 用 范 围
石灰∶黏土∶砂	（1∶1∶4）～（1∶1∶8）	干燥环境墙表面
石灰∶石膏∶砂	（1∶0.4∶2）～（1∶1∶3）	用于不潮湿房间的墙及天花板
石灰∶石膏∶砂	（1∶2∶2）～（1∶2∶4）	用于不潮湿房间的勒脚及其他装饰工程
石灰∶水泥∶砂	（1∶0.5∶4.5）～（1∶1∶5）	用于檐口、勒脚、女儿墙以及比较潮湿的部位
水泥∶砂	（1∶3）～（1∶2.5）	用于浴室、潮湿车间等墙裙、勒脚或地面基层
水泥∶砂	（1∶2）～（1∶1.5）	用于地面、顶棚或墙面面层
水泥∶砂	（1∶0.5）～（1∶1）	用于混凝土地面随时压光
石灰∶石膏∶砂∶锯末	1∶1∶3∶5	用于吸声粉刷
水泥∶白石子	（1∶2）～（1∶1）	用于水磨石（打底用1∶2.5水泥砂浆）
水泥∶白石子	1∶1.5	用于斩假石[打底用（1∶2）～（1∶2.5）水泥砂浆]
白灰∶麻刀	100∶2.5（质量比）	用于板条顶棚底层
石灰膏∶麻刀	100∶1.3（质量比）	用于板条顶棚面层（或100kg石灰膏加3.8kg纸筋）
纸筋∶白灰浆	灰膏0.1m³，纸筋0.36kg	较高级墙板、顶棚

（2）装饰砂浆

涂抹在建筑物内外墙表面，能具有美观装饰效果的抹面砂浆，统称为装饰砂浆。装饰砂浆的底层和中层与普通抹面砂浆基本相同。而装饰的面层，要选用具有一定颜色的胶凝材料和骨料以及采用某些特殊的操作工艺，使表面呈现出不同的色彩、线条与花纹等装饰效果。

装饰砂浆所采用的胶凝材料有普通水泥、白水泥和彩色水泥，以及石灰石、石膏等。骨料常采用大理石、花岗石等带颜色的碎石渣或玻璃、淘洗碎粒。也可选用白色或彩色天然砂、特制的塑料色粒等。

几种常用装饰砂浆的工艺做法：

1）拉毛

在水泥砂浆或水泥混合砂浆抹灰中层上，抹上水泥混合砂浆、纸筋石灰或水泥石灰浆等，并利用拉毛工具将砂浆拉出波纹和斑点的毛头，做成装饰面层。一般适用于有声学要求的礼堂、剧院等室内墙面，也常用于外墙面、阳台栏板或围墙等外饰面。

2）水刷石

是用颗粒细小（约5mm）的石膏所拌成的砂浆作面层，待表面稍凝固后立即喷水冲刷表面水泥浆，使其半露出石碴。水刷石所用于建筑物的外墙装饰，具有天然石材的质感，经久耐用。

3）干粘石

是将彩色石粒直接粘在砂浆层上。这种做法与水刷石相比，既节约水泥、石粒等原材料，又能减少湿作业和提高功效。

4）斩假石

又称剁斧石，是在水泥砂浆基层上涂抹水泥石粒浆，待硬化后，用剁斧、齿斧及各种凿子等工具剁出有规律的石纹，使其形成天然花岗石粗犷的效果。主要用于室外柱面、勒脚、栏杆、踏步等处的装饰。

5）弹涂

弹涂是在墙体表面刷一道聚合物水泥浆后，用弹涂器分几遍将不同色彩的聚合物水泥砂浆弹在已涂刷的基层上，形成 3～5mm 的扁圆形花点，在喷罩甲基硅树脂。适用于建筑物内外墙面，也可用于顶棚饰面。

6) 喷涂

喷涂多用于外墙面，它是用挤压式砂浆泵或喷斗，将聚合物水泥砂浆喷涂在墙面基层或底灰上，形成饰面层，最后在表面再喷一层甲基硅醇钠或甲基硅树脂疏水剂，以提高饰面层的耐久性和减少墙面污染。

(3) 特种砂浆

1) 防水砂浆

防水砂浆是一种制作防水层用的抗渗性高的砂浆。砂浆防水层又称刚性防水层，适用于不受振动和具有一定刚度的混凝土或砖石砌体工程中，如水塔、水池、地下工程等的防水。

防水砂浆可用普通水泥砂浆制作，也可以在水泥砂浆中掺入防水剂制得。水泥砂浆宜选用强度等级为 32.5 以上的普通硅酸盐水泥和级配良好的中砂。砂浆配合比中，水泥与砂的质量比不宜大于 1:2.5，水灰比宜控制在 0.5～0.6，稠度不应大于 80mm。

在水泥砂浆中掺入防水剂，可促使砂浆结构密实，堵塞毛细孔，提高砂浆的抗渗能力，这是目前最常用的方法。常用的防水剂有氯化物金属盐类防水剂、金属皂类防水剂和水玻璃防水剂。

防水砂浆应分 4～5 层分层涂抹在基面上，每层涂抹厚度 5mm，总厚度 20～30mm。每层在初凝前压实一遍，最后一遍要压光,并精心养护,以减少砂浆层内部连通的毛细孔通道,提高密实度和抗渗性。防水砂浆还可以用膨胀水泥或无收缩水泥来配制。

2) 绝热砂浆

采用水泥、石灰、石膏等胶凝材料与膨胀珍珠岩、膨胀蛭石或陶粒砂等轻质多孔骨料,按一定比例配制的砂浆,称为绝热砂浆。绝热砂浆具有轻质和良好的绝热性能,其导热系数为 $0.07\sim0.1W/(m·K)$。绝热砂浆可用于屋面、墙壁或供热管道的绝热保护。

3) 吸声砂浆

一般绝热砂浆因由轻质多孔骨料制成,所以都具有吸声性能。同时,还可以用水泥、石膏、砂、锯末(体积比为1:1:3:5)配制吸声砂浆,或在石灰、石膏砂浆中掺入玻璃纤维、矿物纤维等松软纤维材料。吸声砂浆用于室内墙壁和吊顶的吸声处理。

6.16 烧结砖如何分类? 各种材料的性能要求是什么?

烧结砖分为烧结普通砖、烧结多孔砖和空心砖、烧结页岩砖

(1) 烧结普通砖

烧结普通砖,是以黏土、页岩、煤矸石、粉煤灰为主要原料经焙烧而成的普通砖。

由于砖在焙烧时窑内温度分布(火候)难以绝对均匀,因此,除了正火砖(合格品)外,还常出现欠火砖和过火砖。欠火砖色浅、敲击声发哑、吸水率大、强度低、耐久性差。过火砖色深、敲击时声音清脆、吸水率低、强度较高,

但有弯曲变形。欠火转和过火砖均属不合格产品。

由于黏土砖的缺点是制砖取土,大量毁坏农田,且自重大,烧砖能耗高,成品尺寸小,施工效率低,抗震性能差等,所以,我国正大力推广墙体材料改革,以空心砖、工业废渣砖及砌块、轻质板材来代替实心黏土砖。

(2) 烧结多孔砖和空心砖

用多孔砖和空心砖代替实心砖可使建筑物自重减轻 1/3 左右,节约黏土 20%～30%,节省燃料 10%～20%,且烧成率高,造价降低 20%,施工效率提高 40%,并能改善砖的绝热和隔声性能,在相同的热工作性能要求下,用空心砖砌筑的墙体厚度可减薄半块砖左右。

1) 烧结多孔砖。烧结多孔砖是以煤矸石、粉煤灰、页岩或黏土为主要原料,经焙烧而成的孔洞率等于或大于 25%,孔的尺寸小而数量多的烧结砖。常用于建筑物承重部位。烧结多孔砖的外形尺寸,按《烧结多孔砖》(GB 13544—2000) 规定,长度 (L) 可分为 290、240、190,宽度 (B) 为 240、190、180、175、140、115,高度 (H) 为 90,单位 mm。产品还可以有 1/2L 或 1/2B 的配砖,配套使用。图 6-3 为部分地区生产的多孔砖规格和孔洞形式。

2) 烧结空心砖。烧结空心砖,是以黏土、页岩、煤矸石为主要原料,经焙烧而成的孔洞率不小于 40% 的砖。其孔尺寸大而数量少且平行于大面和条面,使用时大面受压,孔洞与承压面平行,因而砖的强度不高。

烧结空心砖自重较轻,强度较低,主要作用于非承重墙,如多层建筑内隔墙或框架结构的填充墙等。

图 6-3 几种多孔砖规格和孔洞形势
(a) KM1 型；(b) KM1 型配砖；(c) KP1 型；(d) KP2 型；
(e)、(f) KP2 型配砖

(3) 烧结页岩砖

页岩经破碎、粉磨、配料、成型、干燥和焙烧等工艺制成的砖，称烧结页岩砖。生产这种砖可完全不用黏土，配料调制时所需水分较少，有利于砖坯干燥。由于其体积密度比普通黏土砖大，为 $1500\sim2750\text{kg}/\text{m}^3$，为减轻自重，宜制成空心烧结砖。这种砖颜色与普通砖相似，抗压强度为 $7.5\sim15\text{MPa}$，吸水率为 20% 左右。页岩砖的质量标准与检验方法及应用范围均与普通砖相同。

6.17 常用的砌块有哪些?

砌块是用于砌筑的、形体大于砌墙砖的人造块材,一般为直角六面体。按产品主规格的尺寸和质量分为用手工砌筑的小型砌块和采用机械施工的中型和大型砌块。高度为180～350mm的砌块一般称为小型砌块;高度为360～900mm的块体一般称为中型砌块;大型砌块尺寸更大,由于起重设备限制,中型和大型砌块已很少应用。

砌块是一种新型墙体材料,可以充分利用地方资源和工业废渣,并可节省黏土资源和改善环境。具有生产工艺简单,原料来源广,适应性强,制作及使用方便,可改善墙体功能等特点,因此发展较快。

6.18 目前农村采用的新型墙体材料有哪几种?

目前农村可采用的新型墙体材料有普通混凝土小型空心砌块、粉煤灰小型空心砌块、轻骨料混凝土小型空心砌块、蒸压加气混凝土砌块和各种类型轻质墙板。蒸压加气混凝土砌块可用作墙体材料,也用作屋面隔热保温材料,各类轻质墙板可用作隔墙材料。

混凝土砌块是以水泥、砂、碎石为原料,加水搅拌、振动或冲击加压成型再经过养护制成的墙体材料。承重砌块强度等级为3.5、5.0、7.5、10MPa四个强度等级,非承重砌块强度等级为3.0MPa。蒸压加气混凝土砌块一般以水泥、石灰、高炉矿渣等为原料,另一类则以砂、粉煤灰、煤渣、煤矸石、尾矿粉等为原料,经过一定工艺加工而成为墙体材料。

6.19 常见的屋面瓦材有哪几类？性能要求如何？

(1) 烧结类瓦材

1) 黏土瓦

它是以杂质少、塑性好的黏土为主要原料，经成型、干燥、焙烧而成。按颜色分为红瓦和青瓦，按形式分为平瓦、脊瓦、三曲瓦、双筒瓦、鱼鳞瓦、牛舌瓦、板瓦、筒瓦、滴水瓦、沟头瓦、J形瓦、S形瓦和其他异形瓦及其配件等。根据表面状态可分为釉和无釉两类。

黏土瓦是我国使用历史长且用量较大的屋面瓦材之一，主要用于民用建筑和农村建筑坡形屋面防水。但由于生产中须消耗土地，能耗大，制造和施工的生产率均不高，因此，已渐为其他品种瓦材取代。

2) 琉璃瓦

琉璃瓦是用难熔粘土制坯，经干燥、上釉后焙烧而成。这种瓦表面光滑、质地坚密、色彩美丽，常用的黄、绿、黑、蓝、青、紫、翡翠等色。其造型多样，主要有板瓦、筒瓦、滴水瓦、沟头瓦等，有时还制成飞禽、走兽、龙飞凤舞等形象作为檐头和屋脊的装饰，是一种富有我国传统民族特色的高级屋面防水与装饰材料。琉璃瓦耐久性好，但成本较高，一般只限于在古建筑修复、纪念性建筑及园林建筑中的亭、台、楼、阁上使用。

(2) 水泥类屋面瓦材

1) 混凝土瓦

混凝土瓦分为：混凝土屋面瓦及混凝土配件瓦。混凝土屋面瓦又分为：波形屋面瓦和平板屋面瓦。主要由水泥、细骨料和水等为主要原材料经拌合，挤压、静压成型或其他方法制成。若将涂料喷涂在瓦体表面或由水泥及着色剂等材料制成的彩色料浆喷涂在瓦胚体表面，可制成彩色瓦。由于属于混凝土构件，它的强度高、密实度好、吸水率低、寿命长，且瓦的单片面积大，单位面积的盖瓦量要比黏土瓦和琉璃瓦少得多。因此单位面积所用瓦的重量要轻得多，盖瓦的效率也高。混凝土屋面瓦的承载力标准值以及抗渗性能、抗冻性能等均应符合《混凝土瓦》(JC/T 746—2007) 中的规定。

2) 纤维增强水泥瓦

以增强纤维和水泥为主要原料，经配料、打浆、成型、养护而成。目前市售的主要有石棉水泥瓦等，分大波、中波、小波三种类型。该瓦具有防水、防潮、防腐、绝缘等性能。石棉瓦主要用于工业建筑，如厂房、库房、堆货棚、凉棚等。但由于石棉纤维可能带有放射性物质，因此，许多国家已禁止使用，我国也开始采用其他增强纤维逐渐代替石棉。

(3) 高分子类复合瓦材

1) 纤维增强塑料波形瓦

纤维增强塑料波形瓦亦称玻璃钢波形瓦，是采用不饱和聚酯树脂和玻璃纤维为原料，经人工糊制而成。其长度为1800～3000mm、宽度为700～800mm，厚度为0.5～1.5mm。特点是质量轻、强度高、耐冲击、耐腐蚀、透光率高、制作简单等，是一种良好的建筑材料。它适用于各种建筑的遮阳及车站月台、售货亭、凉棚等的屋面。

2) 聚氯乙烯波形瓦

聚氯乙烯波形瓦亦称塑料瓦楞板，是以聚氯乙烯树脂为主体加入其他配合剂，经塑化、挤压或压延、压波等而制成的一种新型建筑瓦材。其尺寸规格为 2100mm×(1100～1300)mm×(1.5～2)mm。它具有质轻、高强、防水、耐化学腐蚀、透光率高、色彩鲜艳等特点，适用于凉棚、果棚、遮阳板和简易建筑的屋面等处。

3）木质纤维波形瓦

该瓦是利用废木料制成的木纤维与适量的酚醛树脂防水剂配制后，经高温高压成型、养护而成。长 1700mm、宽 750mm、厚 5.5mm，波高 40mm，每张 7～9 公斤。该种瓦的横向跨度集中破坏荷载为 2000～4000N（支距 1500mm）。冲击性能应满足用 1N 的重锤在 2m 高同一部位连续自由下落 7 次才破坏的要求。吸水率不应大于 20%。导热系数为 0.09～0.16W/(m·K)。在浸水耐热及耐寒试验中，经 25 次循环无翘曲、分层、裂纹现象。它适用于活动房屋及轻结构房屋的屋面及车间、仓库、料棚或临时设施等的屋面。

4）玻璃纤维沥青瓦

该瓦是以玻璃纤维薄毡为胎料，以改性沥青涂敷而成的片状屋面瓦材。其表面可撒各种彩色矿物粒料，形成彩色沥青瓦。该瓦质量轻、互相粘结的能力强、抗风化能力强、施工方便，适用于一般民用建筑的坡形屋面。

6.20　简述植被屋面及刚性蓄水屋面的构造及用途？

植被屋面构造如图 6-4 所示。即在具有防水层的钢筋混凝土屋面上增设 50～100mm 厚的水渣或细炉渣层，该层上面再加 100～200mm 厚蛭石或蛭石粉，然后铺 100～150mm 厚的种植土，即可种植花草类植物。

该类屋面有利于增强屋顶的隔热、保温性能，如在高温季节，室内温度能大幅度降低，使居住者无烘烤感，此外，有利于美化和改善环境，但增加了屋面荷载。适用于农村住宅建筑中的带有露台结构的屋面（或做成空间花园以增加人们的活动空间）等。

刚性蓄水屋面是直接利用水泥混凝土作为防水层（刚性自防水）的蓄水屋面。其构造如图 6-5 所示，即屋顶水池结构。水池底部与池壁一次浇成，振捣密实，初凝后即逐步加水养护。蓄水深度 h 应按当地降雨量和蒸发量综合考虑，以 400～600mm 为宜，若养殖，则深度按实际情况决定。该类屋面能充分发挥水硬性胶凝材料的特点，防水抗渗性强，热工性能好，可避免混凝土的碳化风化，耐久性好，但屋面结构的自重增大。

图 6-4 植被屋面构造示意图

图 6-5 刚性蓄水屋面构造示意图

6.21 屋面防水材料有哪几类，如何选择？目前推广采用哪些新型防水材料？

屋面防水材料可分为卷材类、涂膜类、密封材料类、瓦类等。

卷材防水层适用于防水等级为Ⅰ～Ⅳ级的屋面防水。涂膜防水层，适用于等级为Ⅰ～Ⅳ级的屋面防水，当用于Ⅲ、Ⅳ级防水屋面时，可单独采用一道防水设防，也可用于Ⅰ、Ⅱ级屋面多道防水设防中的一道防水层。防水涂料应采用高聚物改性沥青防水涂料，合成高分子防水涂料。

密封材料适用于刚性防水屋面分格缝以及天沟檐沟泛水、变形缝等细部构造的密封处理。

平瓦、油毡瓦适用于防水等级为Ⅱ、Ⅲ级以及坡度不小于20%的屋面防水。

以往传统的建筑防水主要是指石油沥青纸胎油毡、沥青涂料等防水材料，这类防水材料存在对温度敏感、拉伸强度和延伸率低、耐老化性能差的缺点，特别是用于外露防水工程，容易引起老化、干裂、变形、折断等现象，所以目前大力推广新型的防水材料，同时农村建筑也正逐步推广使用。

目前市场上供应的防水材料有：

1）沥青复合胎柔性防水卷材；
2）氯化聚乙烯——橡胶共混防水卷材；
3）聚氯乙烯防水卷材；
4）三元乙丙高分子防水材料；
5）SBS弹性体改性沥青防水卷材；
6）APP塑性体改性沥青防水卷材；
7）非焦油聚氨酯防水涂料；
8）聚合物水泥防水涂料；
9）建筑防水沥青嵌缝油膏；
10）油毡瓦。

6.22 常用的卷材防水材料有哪些？各有什么特点？

卷材防水屋面是我国传统的屋面防水形式，防水卷材又是屋面防水材料的重要品种，目前市场上采用的防水卷材可分为三类，即沥青基防水卷材、高聚物改性沥青防水卷材和合成高分子防水卷材，各种材料的特点见表 6-7。

卷材分类表　　　　　表 6-7

卷材防水屋面	沥青基防水卷材		纸胎沥青油毡、玻璃布沥青油毡、玻纤沥青油毡、黄麻织物沥青油毡、铝箔胎沥青油毡
	高聚物改性沥青防水卷材		SBS 改性沥青防水卷材、APP 改性沥青防水卷材、再生胶改性沥青防水卷材、PVC 改性沥青防水卷材、废胶粉改性沥青防水卷材、其他改性沥青防水卷材
	合成高分子防水卷材	橡胶系	三元乙丙橡胶防水卷材
			丁基橡胶防水卷材
			再生橡胶防水卷材
		树脂系	氯化聚乙烯防水卷材
			聚氯乙烯防水卷材
			聚乙烯防水卷材
			氯磺化聚乙烯防水卷材
		橡塑共混型	氯化聚乙烯——橡胶共混防水卷材
			三元乙丙橡胶——聚乙烯共混防水卷材

6.23 建筑用钢材主要有哪几种？什么是 HPB235、HRB335、HRB400、冷轧扭、冷轧带肋钢筋？

目前建房常用的钢材有 HPB235、HRB335、HRB400，俗称Ⅰ级钢筋（用符号Φ表示）、Ⅱ级钢筋（用符号⊉表示）、新Ⅲ级钢筋（用符号⊕表示），冷轧扭钢筋和冷轧带肋钢筋。

建筑用的热轧 HPB235 级钢筋，横截面通常为圆形，且表面为光滑的钢筋混凝土用钢材，强度等级代号为 Q235。公称直径范围为 6～20mm。热轧Ⅰ级钢筋的力学性能和工艺性能应符合《钢筋混凝土用钢 第 1 部分：热轧光圆钢筋》（GB 1499.1—2008）技术要求。

建筑用的热轧 HRB335 级钢筋表面为月牙带肋钢，我国市场上供应的钢筋的公称直径范围为 6～50mm，一般为 6、8、10、12、14、16、18、20、22、25、28、32、36、40、50mm。钢筋的牌号是 HRB335。热轧Ⅱ级钢力学性能和工艺性能应符合《钢筋混凝土用钢 第 2 部分：热轧带肋钢筋》（GB 1499.2—2007）的技术要求，屈服强度不小于 335MPa，抗拉强度不小于 490MPa，延伸率不小于 16%。弯曲性能按标准要求，弯曲 180°后钢筋受弯曲部位表面不产生裂纹。

在热轧 HRB335 级钢的基础上，在炼钢过程中加入一定量的微量元素，如钛、钒、铌等元素，就成了热轧新Ⅲ级钢筋。新热轧Ⅲ级钢的牌号是 HRB400，即屈服强度不小于 400MPa，抗拉强度不小于 570MPa，延伸率不小于 14%，按标准弯曲性能合格。

冷轧扭钢筋是由低碳钢热轧圆盘条经专用钢筋冷轧机调直冷轧并冷扭一次成型，具有规定截面形状和带距的连续螺旋状钢筋，其代号为 LZN，直径一般有 6、8、10、12、14mm。力学性能应符合技术要求。

冷轧带肋钢筋是由热轧圆盘条经冷轧后，在其表面带有沿长度方向均匀分布的三面或二面横肋的钢筋，牌号为 CRB，公称直径范围为 4～12mm。牌号为 CRB550、CRB650、CRB800、CRB970、CRB1170，力学性能和工艺性能应符合《冷轧带肋钢筋》(GB 13788—2008) 的技术要求。

6.24 混凝土结构用的钢筋如何进行分类？

供混凝土结构用的钢筋主要有热轧钢筋（光圆、带肋、余热处理），预应力钢丝、钢绞线，冷加工钢筋等三大类。其中热轧钢筋里的 HRB400 级（即新Ⅲ级）钢筋为我国钢筋混凝土结构的主力钢筋，高强的预应力钢丝、钢绞线为我国预应力混凝土结构的主力钢筋。

钢筋的按用途可分为如下几类：

受拉钢筋——沿梁的纵向跨度方向布置，承受梁中由弯矩引起的拉力，又称纵向受拉钢筋。对于普通钢筋混凝土构件一般采用 HPB235、HRB335 级钢筋；

弯起钢筋——将一部分纵向钢筋弯起，称为弯起钢筋。它的斜段承受梁中剪力引起的拉力。对于普通钢筋混凝土构件一般采用 HPB235、HRB335 级钢筋；

架立钢筋——沿梁的纵向布置，它基本不受力，而是起架立和构造作用，它往往布置成直线形，与梁中的纵向受力钢筋和箍筋一起形成钢筋骨架。对于普通钢筋混凝土构件一般采用 HPB235 级钢筋，也有采用 HRB335 级钢筋的；

箍筋——它在梁中承受剪力，同时与架立钢筋、纵向受力钢筋形成钢筋骨架，一般采用 HPB235 级钢筋；

分布钢筋——只有钢筋混凝土板才有分布钢筋，它的作用是固定板中受力钢筋，它沿板的横向布置，与纵向钢筋垂直。

6.25 如何防止钢材的锈蚀?

(1) 保护层法

在钢材表面施加保护层，使钢与周围介质隔离，从而防止锈蚀。保护层可分为金属保护层和非金属保护层两类。

金属保护层是用耐蚀性较强的金属，以电镀或喷镀的方法覆盖钢材表面，如镀锌、镀锡、镀铬等。

非金属保护层是用有机或无机物质作保护层。常用的是在钢材表面涂刷各种防锈涂料，此法简单易行，但不耐久。此外，还可采用塑料保护层、沥青保护层及搪瓷保护层等。

(2) 制成合金钢

钢材的化学成分对耐锈蚀性有很大影响。如在钢中加入合金元素铬、镍、钛、铜等，制成不锈钢，可以提高耐锈蚀能力。

6.26 建筑常用的木材种类有哪些?

建筑工程常用木材，按其用途和加工程度有圆条、原木、锯材三类，如表6-8所示。

木材的分类　　　　　　　　　　表6-8

分类名称	说　明	主要用途
圆条	除去皮、根、树梢的木料，但尚未按一定尺寸加工成规定直径和长度的材料	建筑工程的脚手架、建筑用材、家具等
原木	已经去皮、根、树梢的木料，并已按一定尺寸加工成规定直径和长度的材料	直接使用的原木：用于建筑工程(如屋架、檩、椽等、桩木、电杆、坑木等加工原木：用于胶合板、造船、车辆、机械模型及一般加工用材等
锯材	已经加工锯解成的木料，凡宽度为厚度3倍或以上的，称为板材，不足3倍的称为方材	建筑工程、桥梁、家具、造船、车辆、包装箱板等

6.27 简述木材在建筑工程中的综合利用？

木作工程是建筑工程中的一部分。木材的综合利用就是将木材加工过程中的大量边角、碎料、刨花、木屑等，经过加工处理，制成各种人造板材，有效提高木材利用率，这对弥补木材资源严重不足有着十分重要的意义。

（1）胶合板

胶合板是用原木旋切成薄片，经干燥处理后，再用胶粘剂按奇数层数，以各层纤维互相垂直的方向，粘合热压而成的人造板材。一般为3～13层。工程中常用的是三合板和五合板。针叶树和阔叶树均可制作胶合板。

胶合板的特点是：材质均匀，强度高，无明显纤维饱和点存在，吸湿性小，不翘曲开裂，无疵病，幅面大，使用方便，装饰性好。

胶合板广泛用作建筑室内墙隔板、护壁板、天花板、门面板以及各种家具和装饰。

普通胶合板的胶种、特性及适用范围见表6-9。

（2）细木工板

细木工板属于特征胶合板的一种，芯板用木板拼接而成，两面胶粘一层或两层单板，细木工板按结构不同，可分为芯板条不胶拼的和芯板条胶拼的两种，按表面加工状况可分为一面砂光、两面砂光和不砂光三种，按使用的胶合剂不同，可分为Ⅰ类胶细木工板、Ⅱ类胶细工木板两种，按面板的材质和加工工艺质量不同，可分为一、二、三等三个等级。细木工板具有质坚、吸声、绝热等特点，适用于家具和建筑物内装修等。

表 6-9 胶合板分类、特性及适用范围

种类	分类	名称	胶种	特性	适用范围
阔叶材普通胶合板	Ⅰ类	NQF（耐气候胶合板）	酚醛树脂胶或其他性能相当的胶	耐久、耐煮沸或蒸汽处理、耐干热、抗菌	室外工程
	Ⅱ类	NS（耐水胶合板）	脲醛树脂胶或其他性能相当的胶	耐冷水浸泡及短时间热水浸泡，不耐沸煮	室外工程
	Ⅲ类	NC（耐潮胶合板）	血胶、带有多量填料的脲醛树脂胶或其他性能相当的胶	耐短期冷水浸泡	室内工程一般常态下使用
	Ⅳ类	BNS（不耐潮胶合板）	豆胶或其他性能相当的胶	有一定的胶合强度，但不耐水	室内工程一般常态下使用
松木普通胶合板	Ⅰ类	Ⅰ类胶合板	酚醛树脂或其他性能相当的合成树脂胶	耐久、耐热、抗真菌	室外长期使用工程
	Ⅱ类	Ⅱ类胶合板	脱水脂胶或其他性能相当的合成树脂胶、改性脲醛树脂胶	耐水、抗真菌	潮湿环境下使用的工程
	Ⅲ类	Ⅲ类胶合板	血胶和加少量填料的树脂	耐湿	室内工程
	Ⅳ类	Ⅳ类胶合板	豆胶和加多量填料的脲醛树脂	不耐水、不耐湿	室内工程（干燥环境下使用）

细工木板的尺寸规格和技术性能见表 6-10。

细工木板的尺寸规格、技术性能 表 6-10

长度(mm)						宽度 (mm)	厚度 (mm)	技术性能
915	1220	1520	1830	2135	1440			
915	—	—	1830	2135	—	915	16 19 22 25	含水率:10%±3% 静曲强度(MPa) 厚度为 16mm,不低于 15; 厚度<16mm,不低于 12; 胶层剪切强度不低于 1
—	1220	—	1830	2135	1220	1220		

注:芯条胶拼的细木工板,其横向静曲强度为表中规定值上各增加 10MPa。

(3) 纤维板

纤维板是以植物纤维为主要原料,经破碎、浸泡、研磨成木浆,再加入一定的胶料,经热压成型、干燥等工序制成的一种人造板材。

纤维板的原料非常丰富。如木材采伐加工剩余物(板皮、刨花、树枝等),稻草、麦秸、玉米秆、竹材等。

按纤维的体积密度分为硬质纤维板(体积密度>800kg/m³)、中密度纤维板(体积密度为 500~800kg/m³)和软质纤维板(体积密度<500kg/m³)三种;按表面分为一面光板和两面光板两种;按原料分为木材纤维板和非木材纤维板两种。

1) 硬质纤维板。硬质纤维板的强度高、耐磨、不易变形,可用于墙壁、门板、地面、家具等。硬质纤维板的幅面尺寸 610mm×1220mm、915mm×1830mm、1000mm×2000mm、915mm×2135mm、1220mm×1830mm、1200mm×2440mm;厚度为 2.50、3.00、3.20、4.00、5.00mm。硬质纤维板按其物理

力学性能和外观质量分为特级、一级、二级、三级四个等级。

2) 中密度纤维板。中密度纤维板按体积密度分为80型（体积密度为0.80g/cm³）、70型（体积密度为0.70g/cm³）、60型（体积密度为0.60g/cm³）；按胶粘剂类型分为室内用和室外用两种。中密度纤维板的长度为1830、2135、2440mm，宽度为1220mm，厚度为12、15、16、18、21、24……（mm）等。中密度纤维板按外观质量分为特级品、一级品、二等品三个等级，各等级的外观质量和物理性能应满足表6-11的规定。

中密度纤维板的外观质量和物理性能要求　　表6-11

	项　目	特级品	一等品	二等品
外观质量	局部松软（直径≤80mm）	不允许	1个	3个
	边角缺损（宽度≤10mm	不允许		允许
	分层、鼓泡、碳化	不允许		
物理性能	出厂含水率（%）	4～13		
	吸水厚度膨胀率（%）不大于	12		
	甲醛释放量	每100g板重可抽出的总甲醛量≤70mg		
	体积密度偏差（%）不大于	±10		

中密度纤维板表面光滑、材质细密、性能稳定、边缘牢固，且板材表面的再装饰性能好。中密度纤维主要用于隔断、隔墙、地面、高档家具等。

3) 软质纤维板。软质纤维板的结构松软，故强度低，但吸引性和保温性能好，主要用于吊顶等。

4) 刨花板、木丝板、木屑板。刨花板、木丝板、木屑板是利用木材加工中产生的大量刨花、木丝、木屑为原料，经干燥，与胶结料拌合，热压而成的板材。所用胶结料有动植物胶（豆胶、血胶）、合成树脂胶（酚醛树脂、脲醛树脂等）、无机胶凝材料（水泥、菱苦土等）。

这类板材表现密度小，强度较低，主要用作绝热和吸声材料。经饰面处理后，还可用作吊顶板材、隔断板材等。

第 7 章 房屋建造施工技术

7.1 土方工程包括哪些内容?

土方工程包括：土的开挖、填筑、运输等施工过程，以及排水、降水、土壁支撑等辅助工作。土按开挖和填筑的几何特征不同，分为场地平整、挖基坑（挖基槽）、挖土方、回填土等。

厚度在 300mm 以内的挖填及找平称为场地平整。

挖土宽度在 3m 以内，且长度等于或大于宽度 3 倍者称为挖基槽。

挖土底面积在 20m^2 以内，且底长为底宽 3 倍以内者称为挖基坑。

山坡挖土或者地槽宽度大于 3m，坑底面积大于 20m^2 或场地平整挖填厚度超过 300mm 者称为挖土方。

7.2 农村住宅施工前对场地开挖应做好哪些工作?

（1）场地清理

场地清理包括拆迁旧房屋、清理场地、清除垃圾，拆迁或改建通信、电力线路、上下水道以及其他建筑物，迁移树木，去除耕植土及河塘淤泥等工作。

（2）排除地面水

场地内低洼地区的积水必须排除，同时应注意雨水的排除，使场地保持干燥，便于土方施工。

地面水的排除一般采用排水沟、截水沟、挡水土坝等措施。

(3) 修筑临时设施

修筑临时道路、供水、供电及临时停机棚与修理间等临时设施。做好三通一平工作（路通、水通、电通，场地平整）。

7.3 基槽（坑）在开挖时对土方边坡有什么要求？

基础工程施工时，首先就是基槽或基坑的开挖，而对于农村建筑，大多以条形基础为主，因此施工时为了防止塌方，保证施工安全，在基坑（槽）开挖深度超过一定限度时，土壁应做成有斜率的边坡，或者加以临时支撑以保持土壁的稳定。施工时，土方边坡的大小要按规定的要求进行的，其中土方边坡的坡度是用土方挖方深度 H 与放坡宽度 B 之比表示，如图7-1所示。即

土方边坡坡度 $=\dfrac{H}{B}=\dfrac{1}{B/H}=1:m$

式中 $m=B/H$ 称为边坡系数。

当地质条件良好，土质均匀且地下水位低于基坑（槽）或管沟底面标高时，挖方边坡可做成直立壁不加支撑，但深度不宜超过下列规定：

图7-1 边坡的表示方法

密实、中密的砂土和碎石类土（充填物为砂土）
1.0m；
硬塑、可塑的粉土及粉质黏土 1.25m；
硬塑、可塑的黏土和碎石类土（充填物为黏性土） 1.5m；
坚硬的黏土 2m。

挖方深度超过上述规定时，应考虑放坡或做成直立壁加支撑。

当地质条件良好，土质均匀且地下水位低于基坑（槽）或管沟底面标高时，挖方深度在5m以内不加支撑的边坡的最陡坡度应符合表7-1规定。

深度在5m内的基坑（槽）、管沟边坡的最陡坡度（不加支撑） 表7-1

土的类别	边坡坡度(高：宽)		
	坡顶物荷载	坡顶有静载	坡顶有动载
中密的砂土	1：1.00	1：1.25	1：1.5
中密的碎石类土（充填物为砂土）	1：0.75	1：1.00	1：1.25
硬塑的粉土	1：0.67	1：0.75	1：1.0
中密的碎石类土（充填物为黏性土）	1：0.50	1：0.67	1：0.75
硬塑的粉质黏土，黏土	1：0.33	1：0.50	1：0.67
老黄土	1：0.10	1：0.25	1：0.33
软土（经井点降水后）	1：1.00	—	—

注：1. 静载指堆土或材料等，动载指机械挖土或汽车运输作业等。静载或动载距挖方边缘的距离应保证边坡和直立壁的稳定，堆土或材料应距挖方边缘0.8m以外，高度不超过1.5m。
2. 当有成熟施工经验时，可不受本表限制。

永久性挖方边坡应按设计要求放坡。对临时性挖方边坡值应符合表7-2规定。

临时性挖方边坡值　　　　　表 7-2

土的类别		边坡坡度(高：宽)
砂土(不包括细砂、粉砂)		1：1.25～1：1.5
一般黏性土	坚硬	1：0.75～1：1
	硬塑	1：1～1：1.25
	软	1：1.50 或更缓
碎石类土	充填坚硬、硬塑黏性土	1：0.5～1：1
	充填砂土	1：1～1：1.5

注：1. 设计有要求时，应符合设计标准。
　　2. 如采用降水或其他加固措施，可不受本表限制，但应计算复合。
　　3. 开挖深度，对软土不应超过 4m，对硬土不应超过 8m。

7.4　常用的基坑降水方法有哪几种?

在开挖基坑、地槽、管沟或其他土方时，土的含水层常被切断，地下水将会不断的渗入坑内。雨季施工时，地面水也会流入地坑内。为了保证施工的正常进行，防止边坡塌方和地基承载能力的下降，必须做好基坑降水工作。降水方法分明排水法和人工降低地下水位法两类。

（1）明排水法

在基坑或沟槽开挖时，采用截、疏、抽的方法来进行排水。开挖时，沿坑底周围或中央开挖排水沟，再在沟底设集水井，使基坑内的水经排水沟流向集水井，然后用水泵抽走（图 7-2）。

基坑四周的排水沟及集水井应设置在基础范围以外，地下水流的上游。明沟排水的纵坡宜控制在 1‰～2‰；集水井应根据地下水量，基坑平面形状及水泵能力，每隔 20～

图 7-2 集水井降水
1—排水沟；2—集水沟；3—水泵

40m 设置一个。

集水井的直径或宽度，一般为 0.7~0.8m。其深度随着挖土的加深而加深，要始终低于挖土面 0.8~1.0m。井壁可用竹、木等简易加固。

当基坑挖至设计标高后，井底应低于坑底 1~2m，并铺设 0.3m 碎石滤水层，以免抽水时将泥沙抽出，并防止井底的土被搅动。

明排水法由于设备简单和排水方便，采用较为普遍，但当开挖深度大、地下水位较高而土质又不好时，用明排水法降水，挖至地下水水位以下时，有时坑底下面的土会形成流动状态，随地下水涌入基坑。这种现象称为流砂现象。发生流砂时，土完全丧失承载能力。使施工条件恶化，难以达到开挖设计深度。严重时会造成边坡塌方及附近建筑物下沉、倾斜、倒塌等。总之，流砂现象对土方施工和附近建筑物有很大危害。

(2) 人工降低地下水位

人工降低地下水位，就是在基坑开挖前，预先在基坑四周埋设一定数量的滤水管（井），利用抽水设备从中抽水，使地下水位降落在坑底以下，直至施工结束为止。这样，可使所挖的土始终保持干燥状态，改善施工条件，同时还使动水压力方向向下，从根本上防止流砂发生，并增加土中有效应力，提高土的强度或密实度。因此，人工降低地下水位不仅是一种施工措施，也是一种地基加固方法。采用人工降低地下水位，可适当改陡边坡以减少挖方数量，但在降水过程中，基坑附近的地基土壤会有一定的沉降，施工时应加以注意。

7.5 基坑（槽）施工时如何进行放线？土方开挖应遵循什么原则？

基槽放线：根据房屋主轴线控制点，首先将外墙轴线的交点用木桩测设在地面上，并在桩顶钉上铁钉作为标志。房屋外墙轴线测定以后，再根据建筑物平面图，将内部开间所有轴线都一一测出。最后根据边坡系数计算的开挖宽度在中心轴线两侧用石灰在地面上撒出基坑开挖边线。同时在房屋四周设置龙门板，以便于基础施工时复核轴线位置。

柱基放线：在基坑开挖前，从设计图上查对基础的纵横轴线编号和基础施工详图，根据柱子的纵横轴线，用经纬仪在矩形控制网上测定基础中心线的端点，同时在每个柱基中心线上，测定基础定位桩，每个基础的中心线上设置4个定位木桩，其桩位离基础开挖线的距离为0.5～1.0m。若基础之间的距离不大，可每隔1～2个或几个基础打一定位桩，但2个定位桩的间距以不超过20m为宜，以便拉线恢复中间柱基的中线。桩顶上钉一钉子，标明中心线的位置。然后按施工图上柱基的尺寸和按边坡系数确定的挖土边线的尺寸，放出基坑上口挖土灰线，标出挖土范围。

土方开挖应遵循"开槽支撑，先撑后挖，分层开挖，严禁超挖"的原则。

开挖基坑（槽）按规定的尺寸合理确定开挖顺序和分层开挖深度，连续地进行施工，尽快地完成。因土方开挖施工要求标高、断面准确，土体应有足够的强度和稳定性，所以在开挖过程中要随时注意检查。挖出的土除预留一部分用作回填外，不得在场地内任意堆放，应把多余的土运到弃土地区，以免妨碍施工。为防止坑壁滑坡，根据土质情况及坑（槽）深度，在坑顶两边一定距离（一般为1.0m）内不得堆放弃土，在此距离外堆土高度不得超过1.5m，否则，应验算边坡的稳定性。在桩基周围、墙基或围墙一侧，不得堆土过高。在坑边放置有动载的机械设备时，也应根据验算结果，离开坑边较远距离，如地质条件不好，还应采取加固措施。为了防止坑底土（特别是软土）受到浸水或其他原因的扰动，基坑（槽）挖好后，应立即做垫层或浇筑基础，否则，挖土时应在基底标高以上保留150~300mm厚的土层，待基础施工时再行挖去。如用机械挖土，为防止基底土被扰动，结构被破坏，不应直接挖到坑（槽）底，应根据机械种类，在基底标高以上留出200~300mm，待基础施工前用人工铲平修整。挖土不得挖至基坑（槽）的设计标高以下，如个别被超挖，应用与基土相同的土料修补，并夯实到要求的密实度。如用原土填补不能达到要求的密实度时，应用碎石类土填补，并仔细夯实。重要部位如被超挖时，可用低强度等级的混凝土修补。

7.6 农村住宅基础施工应注意哪些问题?

1) 开挖基槽应注意邻近建筑物的稳定性(一般应满足相邻建筑基础底面标高差 ΔH 除以相邻基础边缘的最小距离 l 在 0.5~1.0 之间,淤泥质土除外),如图 7-3 所示,注意槽底是否有障碍物或局部软弱地基,必要时应进行地基加固处理。

图 7-3 相邻基础基槽

2) 基槽应保持底平边直,槽底不积水,并原土夯实,如基土表面有水,应增加厚度为 10cm 石屑碎石垫层,并夯入基土内。挖土不能过早,应接近基础施工前开挖,尽量减少槽底暴露时间,如不能立即进行下一工序施工时,应预留厚度为 15cm 以上覆盖土层,待基础施工时再挖去。

3) 基槽边 1m 范围内不得堆土或堆放材料,以避免直立壁坍塌。

4) 地基加固处理可采用砂垫层、砂石垫层(或石屑碎石垫层)、灰土垫层、灰浆碎砖三合土地基等,并分层夯实。具体加固方法应根据地基和基础条件决定。

5) 基础施工前应复核基底标高和轴线尺寸。

6）农村住宅基础一般采用实心砖基础和毛石基础，基础应用水泥砂浆砌筑，配合比可采用水泥∶砂＝1∶3（体积比）。

7）砖基础宜采用一顺一丁或满丁满条砌筑，竖缝错开1/4砖长；十字和丁字接头应隔皮砌通；第一皮和顶上一皮均用丁砖铺砌。

8）基槽回填前，应清除基槽内的积水和有机杂物；基础砌完后应达到一定强度，不致因填土而受损伤时，方可回填；用黏土回填，应在基础两侧分层夯实。

7.7 基槽挖土时槽底施工宽度应如何确定？

槽底施工宽度＝槽底设计宽度＋工作面宽度

其中工作面宽度：当为块石基础时，应为基础底面每侧放宽 150mm；当为砖基础时，应为基础底面每侧放宽 200mm；当为混凝土基础时，应为基础底面每侧放宽 300mm。

7.8 砌筑砂浆按材料组成可分为哪几类？砂浆的配合比有什么要求？

砂浆按组成材料的不同可分为水泥砂浆、水泥混合砂浆和非水泥砂浆三类。

（1）水泥砂浆

用水泥和砂拌合成的水泥砂浆具有较高的强度和耐久性，但和易性差。其多用于高强度和潮湿环境的砌体中。

（2）水泥混合砂浆

在水泥砂浆中掺入一定数量的石灰膏或黏土膏的水泥混合砂浆具有一定的强度和耐久性，且和易性和保水性好。其多用于一般墙体中。

(3) 非水泥砂浆

不含有水泥的砂浆,如石灰砂浆、黏土砂浆等。强度低且耐久性差,可用于简易或临时建筑的砌体中。

砂浆的配合比应事先通过计算和试配确定,配制砂浆时,水泥砂浆的最小水泥用量不宜小于 $200kg/m^2$。砂浆用砂宜采用中砂。砂中的含泥量,对于水泥砂浆和强度等级不小于 M5.0 的水泥混合砂浆,不宜超过 5%;对于强度等级小于 M5.0 的水泥混合砂浆,不应超过 10%。用块状生石灰熟化成石灰膏时,其熟化时间不得少于 7d。用黏土或粉质黏土制备黏土膏,应过筛,并用搅拌机加水搅拌。为了改善砂浆在砌筑时的和易性,可掺入适量的有机塑化剂,其掺量一般为水泥用量的 (0.5~1)/10000。表 7-3、7-4 分别列出了混合砂浆及水泥混合砂浆配合比。

混合砂浆配合比 表 7-3

砂浆强度等级	水泥砂浆等级	重量配合比	每立方米用料(kg)		
		水泥:石灰膏:砂	水泥	石灰膏	砂子
M2.5	32.5	1:2:12.5	120	240	1500
M5.0		1:1:8.5	175	175	1500
M7.5		1:0.8:7.2	205	165	1450
M10.0		1:0.5:5.5	265	130	1450

水泥粉煤灰混合砂浆配合比 表 7-4

砂浆强度等级	重量配合比	每立方米用料(kg)		
	水泥:粉煤灰:砂	水泥	粉煤灰	砂子
M5.0	1:0.63:9.10	160	102	1450
M7.5	1:0.45:7.25	200	90	1450
M10.0	1:0.31:5.60	260	80	1450

7.9 简述砖基础砌筑的方法,如何进行施工?

(1) 砖基础砌筑方法

砖基础砌筑应采用一顺一丁或称为满条满丁的排砖方法。砌筑时,必须里外搭槎,上下皮竖缝至少错开 1/4 砖长。大放脚的最下一皮砖及每一层砖的上面的一皮砖,应用丁砖砌筑为主,这样传力较好,砌筑及回填土时也不易碰坏。并要采用一块砖、一铲灰、一挤揉的砌砖法,不得采用挂竖缝灰口的方法。

砖基础的转角处应根据错缝需要加砌七分头砖及二分头砖。如图 7-4 所示,为二砖半(620mm)宽等高式大放脚转角处分皮砌法。砖基础的十字交接处,纵横大放脚要隔皮砌通。图 7-5 为二砖半宽等高式大放脚十字交接处分皮砌法。

(2) 砖基础砌筑施工

图 7-4 大放脚转角处分皮砌法

图 7-5 大放脚十字交接处砌法

砖基础砌筑时,应按皮数杆的分层数先在转角处及交接处进行盘角,每次盘角宜不超过五皮砖,再在两盘角之间拉准线,按准线逐皮砌筑中间部分,如图 7-6 所示。

内外墙砖基础应同时砌筑,当不能同时砌筑时,应留斜槎或称踏步槎,斜槎的水平投影长度不应小于墙高的 2/3。当砖基础的基底标高有高有低时,应从低处砌起,并应由高处向低处搭接。当设计无要求时,搭接长度不应小于大放脚的高度,并不小于 500mm,如图 7-7 所示。

砖基础砌筑时,如有沉降缝,其两边的墙角应按直角要

图 7-6 砖基础盘脚

图 7-7 基础高低接头处砌法

求砌筑，先砌一边的墙要把舌头灰刮尽，后砌的墙可采用缩口灰砌筑。掉入沉降缝内的砂浆、杂物应随时清理干净。

砖砌大放脚如遇洞口时，应预留出位置，不得事后凿打。洞宽超过 300mm 时，应砌平拱或设置过梁。

砖基础的水平灰厚度和竖向灰缝宽度应控制在 10mm 左右，但不应小于 8mm，也不应大于 12mm。灰缝中砂浆应饱满。水平灰缝的砂浆饱满度不小于 80%；竖向灰缝宜采用挤浆或加浆方法，不得出现透明缝、瞎缝和假缝，严禁用水冲浆灌缝。

所有砌体不得产生通缝（是在同一竖直水平面上，上下有三皮砖竖缝相交小于 20mm）现象。

大放脚砌到最上一皮后，要从定位桩（或标志板）上拉线，把基础墙的中心线及边线引到大放脚最上皮表面上，以保证基础墙位置正确。

砌完砖基础，应及时做防潮层。防潮层一般应设在首层室内地面（±0.000）以下一皮砖处，即 $-60mm$。防潮层应采用 1:2.5 的水泥砂浆加适量的防水剂（按水泥用量的 3%~5%）经机械搅拌均匀后铺设，铺设厚度不得小于 20mm。

铺设防潮层前，应将墙顶面的未粘结稳固的活动砖重新砌牢，清扫干净后，浇水湿润，并应找出防潮层的上标高面，保证铺设的厚度。基础完工后，要及时双侧回填。

7.10 毛石基础一般有哪几种形式？砌筑方法如何？

毛石基础按其剖面形式有矩形、阶梯形和梯形三种，也是农村房屋建筑，特别是山区地带常用的形式，如图 7-8 所示。

图 7-8 毛石基础

根据经验,阶梯形剖面是每砌 300～500mm 高后收退一个台阶,收退几次后,达到基础顶面宽度为止;梯形剖面是上窄下宽,由下往上逐步收小尺寸;矩形剖面为满槽装毛石,上下一样宽。毛石基础的标高一般砌到室内地坪以下 50mm,基础顶面宽度不应小于 400mm。

施工方法:

(1) 砌筑第一皮石块。第一皮石块砌筑时,应先挑选比较方整的较大的石块放在基础的四角作为角石。角石要有 3 个平面,大小相差不多,如不合适应加工修凿。以角石作为基准,将水平线拉到角石上,按线砌筑内、外皮面石,再填中间腹石。

第一皮石块应坐浆,即先在基槽垫层上摊铺砂浆,再将石块大面向下砌,并且要挤紧、稳实。砌完内、外皮面石,填充腹石后,即可灌浆。灌浆时,大的石缝中先填 1/2～1/3 的砂浆,再用碎石块嵌实,并用手锤轻轻敲实。不准先用小石块塞缝后灌浆,否则容易造成干缝和空洞,从而影响砌体质量。

(2) 第二皮石块砌筑。第二皮石块砌筑前,选好石块进行错缝试摆，试摆应确保上下错缝，内外搭接；试摆合格即可摊铺砂浆砌筑石块。砂浆摊铺面积约为所砌石块面积的一半，位置应在要砌石块下的中间部位，砂浆厚度控制在40～50mm，注意距外边30～40mm内不铺砂浆。砂浆铺好后将试摆的石块砌上，石块将砂浆挤压成20～30mm的灰缝厚度，达到石块底面全部铺满砂浆。石块间的立缝可以直接灌浆塞缝，砌好的石块用手锤轻轻敲实，使之达到稳定状态。敲实过程中若发现有的石块不稳，可在石块的外侧加垫小石片使其稳固。切记石片不准垫在内侧，以免在荷载作用下，石块发生向外倾斜、滑移。

毛石基础的扩大部分，如做成阶梯形，上级阶梯的石块应至少压砌下级阶梯的1/2，相邻阶梯的毛石应相互错缝搭砌。

（3）砌筑拉结石。这是确保砌石基础整体性的关键。毛石基础同皮内每隔2m左右应砌一块横贯墙身的拉结石，上下层拉结石要相互错开位置，在立面的拉结石应呈梅花状。拉结石长度：基础宽度等于或小于400mm时，拉结石长度与基础宽度相等；基础宽度大于400mm时，可用两块拉结石内外搭接，搭接长度不小于150mm，且其中一块长度不小于基础宽度的2/3每砌完一层，必须对中心线找平一次，保证砌体不偏斜、内陷或外凸。砌好后外侧石缝用砂浆嵌勾严密。

（4）基础顶面。毛石基础顶面的最上一皮，应选用较大块的毛石砌筑，并使其顶面基本平整。每天收工时应在当天砌筑的砌体上，铺一层砂浆，表面应粗糙。夏季施工是，对砌完的砌体，应用草苫覆盖养护一星期时间，避免风吹、日晒、雨淋。

(5) 勾缝。毛石基础砌完后,要用抿子将灰缝用砂浆勾塞严实,经检查合格后才准填回土。

(6) 砌筑高度控制。毛石基础每日砌筑高度不应超过1.2m。

7.11 砖墙砌筑的主要施工工序是什么?

(1) 抄平放线

在砌筑砖墙之前,应在基础防潮层或者每楼层上定出该施工楼层的设计标高,并用M10水泥砂浆或C15细石混凝土找平,使各施工楼层墙体的底部标高均在同一水平线上,避免螺丝墙的产生。

根据龙门桩上标定的定位轴线或基础外侧的定位轴线桩,将墙体轴线、墙体宽度线等引测到基础顶面或者是楼板之上,并弹出墨线。

(2) 排砖撂底

排砖撂底是指在放线的基础顶面或楼板上,按选定的组砌形式进行干砖试排,以期达到灰缝均匀,门窗两侧的墙面对称,并减少砍砖,提高工效和施工质量。主体第一皮排砖,山墙应排丁砖,前后檐墙应排跑砖,俗称"山丁檐跑"或称"横丁纵顺"。砖墙的转角处和门、窗处顶头砌法,顺砌层到头接七分头砖,丁砖层到头丁到丁,目的是错开砖缝,避免出现通缝。为了快速确定丁砖层排砖数和顺砖层排砖数,可采用下列公式计算:

1) 求墙面的排砖数:丁砖层的丁砖数=(墙面长+10)/125;顺砖层的顺砖数=(墙面长-365)/250

2) 求窗口下面都排砖数：丁砖层的丁砖数＝(窗宽－10)/125；顺砖层的顺砖数＝(窗宽－135)/250

上述计算时，应取整数，并根据余数的大小确定所加的尺寸。

排砖撂底时，既要保证错缝合理，又要保证清水砖墙面不出现改变竖缝的现象。在排窗间墙的撂底时，要将竖缝的尺寸分好缝，若墙体中需要破活丁砖或七分头转，应排在窗口中间或附墙垛旁等不明显的位置。此外，还要顾及在门窗洞口上边砖墙合拢时不出现破活，从而使清水墙面美观整洁、缝路清晰。

(3) 立皮数杆

盘角挂线前，应先在墙的四大角和转角处，以及内墙尽端和楼梯间处立皮数杆。皮数杆是砌墙过程中控制砌体竖向尺寸和各种构件设置标高的标准尺度，如图 7-9 所示。

图 7-9 皮数杆的设置

皮数杆是瓦工砌墙时竖向尺寸的标志，用 50mm×70mm 的方木做成，长度应略高于一个楼层的高度。它表示墙体砖的层数（包括灰缝厚度）和建筑物各种门窗洞口的标高，预埋件、构件、圈梁及楼板底的标高。两皮数杆之间的间距为 10～15m。采用外脚手架时，皮数杆一般立在墙里侧；采用里脚手架时，皮数杆立在墙外侧。如果楼层高度与砖层皮数不相吻合时，可以调整灰缝厚薄，使其符合标高和整砖层。

皮数杆均应立于同一标高上,并要抄平检查皮数杆的±0.000与抄平桩的±0.000是否重合。

(4) 盘角

盘角又称立头角、把大角等。盘角时,除要选择平直、方正的砖外,还应用七分头砖搭接、错缝砌筑,从而保证墙角竖缝错开。盘角时,应随砌随盘,每盘一次角不要超过五皮砖。而且一定要随时吊靠,即用线坠和靠尺板对其校正,真正做到墙角方正、墙面顺直、方位准确,如遇偏差及时修正,保证砖角在一条直线上,并上下垂直。

(5) 挂线

挂线是指以盘角的墙体为依据,在两个盘角中间的墙体两侧挂通线。挂线时,两端必须栓砖坠拉紧,使线绳水平无下垂。如果墙身过长,线绳中间下垂,这时应先砌一块腰线砖。盘角处通线是靠墙角的灰缝作为挂线卡,为了不使线绳陷入水平灰缝中去,应采用1mm厚的薄铁片垫放在盘角墙面与线绳之间。

还有一种挂线方法,俗称挂立线,一般砌间隔墙时用。挂立线前应检查留槎是否垂直,如果不垂直应根据留槎情况调整立线使其垂直,将此立线两端栓紧在钉入纵墙水平灰缝的钉子上。根据挂好的垂直立线拉水平线,水平线的两端要由立线的里侧往外栓,两端的水平线要与砖缝一致,不得错层造成偏差。

(6) 勾缝清面

对于清水墙面,每砌完一段高度后,要及时勾缝和清扫墙面。勾缝时可用专制的缝刀进行。清水墙灰缝一般有平缝、圆形缝、三角缝和八字形缝。灰缝的形式如图 7-10 所示。

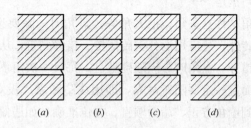

图 7-10　灰缝的形式
(a) 八字缝；(b) 三角缝；(c) 平缝；(d) 圆形缝

勾缝时，不是把砖缝内的砂浆给刮掉，而是要用力将砂浆向灰缝内挤压，形成一定的灰缝形式，并且在勾缝时，要把有些瞎缝或砂浆不饱满处用同样砂浆将其填满。勾缝时要掌握好勾缝的有利时机，也就是要等砂浆收水后进行。如果砂浆没有收水，勾缝时砂浆容易被挤压到墙面上，造成墙面被污染；如果等到砂浆结硬再勾缝，缝口则显得粗糙，影响外观质量。

7.12　常用的砖墙组砌的方法有哪些？

目前常用的有："三一"砌砖法、挤浆法、刮浆法和满刀灰法等。

"三一"砌砖法就是"一块砖、一铲灰、一挤揉"，并随手用瓦刀或大铲尖将挤出墙面的灰浆收起。这种砌法的优点是灰浆饱满、粘结力强、墙面整洁，是当前应用最广的砌砖方法之一。对于地震多发区更要采用此法。

挤浆法是先将砂浆倾倒在墙顶面上，随即用大铲或刮尺将砂浆推刮铺平，但每次铺刮长度不应大于 700mm；当气温高于 30℃时，不应超过 500mm。当砂浆推平后，用手拿砖并将砖挤入砂浆层的一定深度和所在位置，放平砖并达到上跟线、下齐边，横平竖直。

刮浆法多用于多孔砖和空心砖。由于砖的规格或厚度较大，竖缝较高，这时竖缝砂浆不容易被填满，因此，必须在竖缝隙的墙面上刮一层砂浆后，再砌砖。

满刀灰法，多用于空斗墙的砌筑。这时应用瓦刀先抄适量的砂浆，并将其抹在左手拿着的普通砖需要粘结的砖面上，随后将砖粘结在应砌的位置上。

在砌筑过程中，必须注意到"上跟线，下跟棱，左右相邻要对平"。"上跟线"是指砖的上棱必须紧跟准线，一般情况下，上棱与准线相距约为 1mm，因为准线略高于砖棱，能保证准线水平颤动，出现拱线时容易发觉，从而保证砌筑质量。"下跟棱"是指砖的下棱必须与下皮砖的上棱平齐，保证砖墙的立面垂直平整。"左右相邻要对齐"是指前后、左右的位置要准确，砖面要平整。

砖墙砌到一步架高时，要用靠尺全面检查垂直度、平整度，因为它是保证墙面垂直平整的关键之所在。在砌筑过程中，一般应是"三层一吊，五层一靠"，即：砌 3 皮砖用线坠吊一吊墙角的垂直情况，砌五皮砖用靠尺靠一靠墙面的平整情况。同时，要注意隔层的砖缝要对直，相邻的上下层砖缝要错开，防止出现"游丁走缝"。

7.13 砌体结构墙体施工时有哪些具体规定?

(1) 砌筑留槎

根据规定,"砖砌体的转角处和交接处应同时砌筑,严禁无可靠措施的内外墙分砌施工。对不能同时砌筑而又必须留置的临时间断处,应砌成斜槎"。但是,砖墙在砌筑过程中,由于各种因素的影响,使同层所有墙体不能同时砌筑,需要留槎。留槎应按下列规定:

1) 由于其他情况,砖砌体的转角处和交接处不能同时砌筑时,应砌成斜槎,俗称"踏步槎",斜槎的长度不应小于高度的 2/3,如图 7-11 所示。

2) 施工中必须留置的临时间断处,当不能留斜槎时,除转角除外,可留直槎,但直槎必须做成凸槎,并应加设拉结钢筋。拉结钢筋的数量为每 120mm 墙厚放置 1 根直径 6mm 的钢筋,间距沿墙高不得超过 500mm;埋入长度从墙的留槎处算起,每边均不应小于 1000mm;末端应有 90°弯钩,如图 7-12 所示。

图 7-11 斜槎留置

图 7-12 直槎留置

3）隔墙与墙或柱之间不能同时砌筑而又不留成斜槎时，可于墙或柱中引出凸槎，或从墙或柱中伸出预埋的拉结钢筋，拉结钢筋的设置要求同承重墙。

砌体接槎时，必须将接槎处的表面清理干净，浇水湿润，并应填实砂浆，保持灰缝平直。

4）设有钢筋混凝土构造柱的砖混结构，应先绑扎构造柱钢筋然后砌砖墙，最后浇注混凝土。与柱之间应沿高度方向每隔500mm设置一道2根直径6mm的拉结筋，每边伸入墙内的长度不小于1m；构造柱应与圈梁、地梁连接；与柱连接处的砖墙应砌成马牙槎，每一个马牙槎沿高度方向的尺寸不应超过300mm，并且马牙槎上口的砖应砍成斜面。马牙槎从每层柱脚开始应先退后进，进退相差1/4砖，如图7-13所示；拉结筋的设置如图7-14所示。

图7-13 马牙槎留置

图7-14 拉结筋布置

（2）洞口砌筑

砌筑洞口是指砌筑门窗口，在开始排砖撂底时，应考虑窗间墙及窗上墙的竖缝分配，合理安排七分头砖位置，还要考虑门窗的设置方法。如采用立口，砌砖时，砖要离开门窗口3mm左右，不能把框挤得太紧，以免造成门窗框变形，门窗开启困难。如采用塞口，弹墨线时，墨线宽度应比实际尺寸大 10～20mm，以便后塞门窗框。

砌筑门窗框口时，应把木门窗框的木砖或钢门窗框的预埋铁砌入墙内，以保证门窗框与墙体的连接。预埋木砖的数量由洞口的高度决定，洞口在 1.2m 以内，每边埋两块；洞口高 1.2～2m，每边埋 3 块，木砖要做防腐处理，预埋位置一般在洞口"上三下四，中档均分"，即上木砖放在口下第三皮砖处，下木砖放在洞底上第四皮砖处，中间木砖要均匀分布，且将小头在外，大头在内，以防拉出。

（3）转角砌法

砖墙的转角处，为了保证各皮间竖向缝相互错开，必须在外墙角处砌七分头砖。当采用一顺一丁组砌时，七分头砖的顺面方向依次砌顺砖，丁面方向依次砌丁砖，如一砖墙（240mm）的一顺一丁的转角砌法，如图 7-15 所示。

图 7-15　一顺一丁转角处砌法

当采用梅花丁组砌时，在外角仅砌一块七分头砖，七分头砖的顺面相邻砌丁砖，丁面相邻砌顺砖。图 7-16 是一砖墙转角处采用梅花丁砌法的示意图。

（4）交接处砌筑法

图 7-17 是一砖墙所用一顺一丁在丁字交接处的砌法。砌筑时，应分皮相互砌通，内角相接处竖缝应错开 1/4 砖

图 7-16 转角处梅花丁砌法

长,并在横墙端头加砌七分头转。而在墙的十字交接处,应分皮相互砌通,交接处的竖缝相互错开 1/4,图 7-18 是一砖墙一顺一丁的砌法。

图 7-17 一顺一丁在交接处砌法

图 7-18 一顺一丁在十字交接处砌法

7.14 简述檐口及山尖的砌筑工艺。

目前部分农村住宅或少数民族的建筑中,仍讲究着带有民族或装饰性的古老建筑特色的房屋，最为典型的就是檐口和山尖的建造，它不但反映了当地的民族建筑特色，还丰富了建筑的结构层次，增加了房屋的客观性和艺术性，具有显著的防火功能，也充分展现了当地工匠们高超的施工技艺。

封檐和封山，由于砖体逐渐外挑，最容易出现下倾现象，所以，在进行封檐和封山砌砖的过程中，一定要方法科学、搭接正确、啮合紧密、砂浆饱满。

(1) 檐口砌筑

檐口砌砖的形式多种多样，各地均不统一，但是檐口的形式基本有圆弧檐、棱形檐、齿形檐、连珠檐，如图 7-19 所示。

图 7-19　檐口形式
(a) 圆弧檐；(b) 棱形檐；(c) 齿形檐；(d) 连珠檐

在砌筑檐口时，一是先算出砖檐的挑出宽度，确定每层外挑的尺寸。对于有装饰图案的檐口，则根据砖檐挑出宽度和总高度先做出大样,砌筑时则依大样的顺序进行砌筑。为了保证坡屋面有一定向下的弧面,所有檐口稍微高些属于正常。这就是工匠们常说的"俏砌山,冒叠檐"。

为了保证檐口的砖砌质量,施工中应注意如下事项:

1) 砌砖前必须根据所砌檐口的形式进行排砖,如果出现有非整砖时,应通过调整灰缝处理。

2) 砌筑檐口挂线时,同其他砌砖相反,通线应挂在出檐砖的底棱,因为檐口是以檐砖的底面齐平为标准的。

3) 所用灰浆必须有一定的黏度,最好采用麻刀灰。砖应提前浇水湿润,以水渗入砖内 15mm 为宜,不得随用随浇水润砖。

4) 砌筑时先将出檐砖坐浆砌牢,然后补齐后口砖,再用砖块压住出檐砖的后半部分,防止出檐砖下垂,如图 7-20 所示。在进行后口处理时,一定要用左手按稳出檐砖,防止后口处理时把出檐砖向外挤移。

5) 砌檐口砖时应用满刀灰法将灰浆满铺在砌筑面上,所有竖向灰缝应全部为满缝。

图 7-20 檐口砖施工

6) 出檐砖砌有两皮以后,不得用瓦刀敲砖来调整平直度。

(2) 山尖的砌法

山墙山尖的砌法主要有两种:一是封檐和封山相结合,另一种是指封山不封檐。封山的形式千姿百态,各有千秋。图 7-21 为农宅山墙的示例。

图 7-21 封山的形式

(3) 山墙墙顶处理

坡屋顶房屋的山墙在墙顶的三角形部位称山尖。山墙砌至檐口标高后就要向上收砌山尖。砌山尖的方法：皮数杆立在山墙中心，通过屋脊顶和左右挂斜线，收砌山尖时以斜线为准。山尖墙上安完檩条后开始封山。封山分为平封山和高封山。平封山是能在山墙处看到屋面的分边瓦；高封山是封山的山尖高出了屋面。山尖顶面形式多种多样，常用的有尖山式、圆山式、琵琶式、铙钹式等等，各地均应结合当地的建筑风格去选定。

平封山前应检查山尖是否对中，房屋两端的山尖是否对称。符合要求后，按已安放好的棱条上皮拉斜面线找平，将封山顶坡使用的砖砍成楔形，再砌成斜坡，抹灰找平。

高封山是山墙高于屋面的构造形式，高封山有人字形及阶梯平顶形，马头墙就是阶梯平顶这种形式。

高封山的砌法：根据图纸要求高出屋面的尺寸，在脊棱端头钉一根挂线杆，自高封山顶部标高往前后撞头顶拉线，并且注意斜线的坡度与屋面的坡度一致。向上收砌斜坡时，要与檐口处的墀头交圈。如果高封山高出屋面较多时,应在封山内侧200mm高处向屋面一侧挑出一道60mm的滴水檐。高封山砌完后,在墙顶上砌一层或两层压顶面檐砖,然后抹灰。

对于不封檐的山墙,就要砌筑墀头,俗称拔檐,是指山墙在前后檐口标高处挑出的檐子。如图7-22所示,门面两侧墙伸出檐柱外处,山墙侧的上身墙处,墀头分上、中、下三部分外挑,上部分砌成龙口含珠,中、下两部分雕垫花,圆线凹进凸出,变化多端。这种砌法必须先将墀头用放大样的方法在地面将砖按样磨好,在背面做上顺序号。砌砖时先砌内侧砖,后砌外口砖,并且要使灰缝外侧稍厚,内侧稍薄,避免出檐倾斜。

图7-22 山墙墀头

7.15 墙体砌筑时墙洞的留设有何要求?

墙洞的留设关系到砌体的结构安全和稳定性。农村中产生的房倒屋塌事故中就有与洞口留设有关的例子，所以必须引起重视，并按要求留设。墙体上留洞包括预留脚手眼，施工洞等。

（1）脚手眼

脚手眼是设置单排立杆脚手架预留的墙洞，墙体砌完后需堵上。当墙体砌筑到离地面或脚手板1m左右留一个脚手眼。单排立直脚手架若使用木质小横木，其脚手眼高三皮砖，形成十字洞口，洞口上砌3皮砖起保护作用。单排立杆脚手架若使用钢管小横木，其脚手眼为一个丁砖大小的洞口。当脚手眼较大时，留设的部位应不影响墙的整体承载能力。下列墙体或部位中不得设置脚手眼：

1）120mm厚砖墙；

2）宽度不小于1m的窗间墙；

3）过梁上与过梁成60°角的三角形范围及过梁净跨度1/2的高度范围内；

4）梁和梁垫下及其左右各500mm范围内；

5）门窗洞口两侧200mm和转角处450mm的范围内；

6）设计不允许设置脚手眼的部位。

（2）施工洞

施工洞是砌墙过程中运送材料和便于人员通行而留设的临时性洞口，一般设在外墙和单元楼的单元分隔墙上。洞口侧边离交接处的墙面不应小于500mm；洞口顶处宜设置过梁。普通砖砌体也可在洞口上部采取逐层挑砖的方法封口，并应预埋水平拉结钢筋，洞口净宽度不应超过1m。临时施工洞口补砌时，洞口周围砖的表面应清理干净，并浇水湿润，再用与原墙相同的材料补砌严密。

7.16 混凝土小型空心砌块砌体的构造要求主要有哪些？

(1) 不同基土、墙体所用材料的最低强度等级

在农村，地面以下或防潮层以下的砌体、潮湿房间的墙所用的混凝土砌块，水泥砂浆的最低强度等级应符合下列要求：

1) 稍潮湿的基土：混凝土砌块为 MU7.5；水泥砂浆为 M5.0。

2) 很潮湿的基土：混凝土砌块为 MU7.5；水泥砂浆为 M7.5。

3) 含水饱和的基土：混凝土砌块为 MU10.0；水泥砂浆为 M10.0。

(2) 混凝土灌实砌体孔洞的部位

在墙体的下列部位，应采用 C20 混凝土灌实砌体的孔洞：

1) 底层室内地面以下或防潮层以下的砌体。

2) 无圈梁的檩条和钢筋混凝土楼板支承面下的第一皮砌体。

3) 未设置混凝土垫块的屋架、梁等构件支承处，灌实宽度不应小于 600mm，高度不应小于 600mm 的砌块。

4) 梁支承面下，其支承部位的内外墙交接处，纵横各灌实 3 个孔洞，灌实高度不小于三皮砌块。

(3) 跨度及其他构造

1) 当跨度大于 4.2m 的梁，其支承面下应设置混凝土或钢筋混凝土垫块。当墙中设有圈梁时，垫块宜与圈梁浇成

整体。当大梁跨度不小于 4.8m；且墙厚为 190mm 时，其支承处应加设壁柱。

2）小砌块墙与后砌隔墙交接处，应沿墙高每 400mm 在水平灰缝内设置不少于 2ϕ4、横筋间距不大于 200mm 的焊接钢筋网片，如图 7-23 所示。

图 7-23 小砌块墙与后砌隔墙交接处钢筋网片

3）预制钢筋混凝土板在墙上或圈梁上支承长度不应小于 80mm；当支承长度不足时，应采取有效的锚固措施。

4）混凝土小砌块房屋纵横交接处；距墙中心线每边不小于 300mm 范围内的孔洞，应采用不低于 C20 混凝土灌实；灌实高度应同墙身高度。

5）墙处的壁柱，宜砌至山墙顶部；檩条与山墙锚固。

（4）抗裂措施

为防止裂缝的产生，小砌块房屋顶层墙体可根据具体情况采取以下防裂措施：

1）采用装配式有檩体系钢筋混凝土屋盖和瓦材屋盖。

2）当顶层屋面板下设置现浇钢筋混凝土圈梁并沿内外墙拉通时，圈梁高度不宜小于 190mm，纵向钢筋不应小于 4ϕ12。房屋两端圈梁下的墙体内应设置水平筋。

3）顶层挑梁末端下墙体灰缝内，设置不少于 2ϕ4 纵向焊接钢筋网片和钢筋间距不大于 200mm 的横向焊接钢筋网片。钢筋网片应自挑梁末端伸入两边墙体不小于 1m，如图 7-24 所示。

图 7-24 顶层挑梁末端钢筋网片

4) 顶层墙体门窗洞口过梁上砌体每皮水平灰缝内设置 2ϕ4 焊接钢筋网片,并应伸入过梁两端墙内不小于 600mm。

5) 加强顶层芯柱或构造柱与墙体的拉结,拉结钢筋网片的竖向间距不宜大于 400mm,伸入墙体长度不宜小于 1000mm。当顶层房屋两端第一、二开间的内纵墙长度大于 3m 时,在墙中应加设钢筋混凝土芯柱,并设置横向水平钢筋网片。顶层横墙在窗口高度中部宜加设 3~4 道钢筋网片。

6) 房屋山墙可采取设置水平钢筋网片或在山墙中增设钢筋混凝土芯柱或构造柱。在山墙内设置水平钢筋网片时,其间距不宜大于 400mm;在山墙内增设钢筋混凝土芯柱或构造柱时,其间距不宜大于 3m。

7) 防止房屋底层墙体裂缝;可根据情况采取下列技术措施:增加基础和圈梁刚度;基础部分砌块墙体在砌块孔洞中用 C20 混凝土灌实;底层窗台下墙体设置通长钢筋网片,竖向间距不大于 400mm;底层窗台采用现浇钢筋混凝土窗台板,窗台板伸入窗间墙内不小于 600mm。

8) 对出现在小砌块房屋顶层两端和底层第一、二开间门窗洞口的裂缝,可采取下列措施进行控制:在门窗洞口两侧不少于一个孔洞中设置不小于 1ϕ12 钢筋,钢筋应与楼层圈梁或基础锚固,并采用不低于 C20 混凝土灌实;在门窗洞孔两边的墙体水平灰缝中,设置长度不小于 900mm。竖向间距为 400mm 的 2φ4 焊接钢筋网片,在顶层和底层设置通长钢筋混凝土窗台梁时,窗台梁的高度宜为块高的模数,纵筋不少于 4φ10,箍筋为 φ6@200,混凝土强度等级为 C20。

(5) 圈梁、过梁、芯柱和构造柱

1) 农房建筑中,钢筋混凝土圈梁应按以下规定设置:多层房屋或比较空旷的单层房屋,应在基础部位设置一道现浇圈梁;当房屋建筑在软弱地基或不均匀地基上时,圈梁刚度则应加强;比较空旷的单层房屋,当檐口高度为 4~5m 时,应设置一道圈梁;当檐口高度大于 5m 时,宜适当增设;当为多层房屋时,应按表 7-5 的规定设置圈梁。

多层民用房屋圈梁设置要求 表 7-5

圈梁位置	圈梁设置要求
沿外墙	
沿内横墙	屋盖处必须设置,间距不大于 7m 楼盖处隔层设置,间距不大于 15m
沿内纵墙	屋盖处必须设置 楼盖处:房屋总进深小于 10m 者,可不设置 房屋总进深不小于 10m 者,宜隔层设置

2) 圈梁应符合下列构造要求:

① 圈梁宜连续地设在同一水平面上,并形成封闭状;当不能在同一水平面上闭合时,应增设附加圈梁,其搭接长度不应小于 2 倍圈梁的垂直距离,且不应少于 1m。

② 圈梁截面高度不应小于 200mm,纵向钢筋不应少于

4ϕ10，箍筋间距不应大于300mm，混凝土强度等级不应低于C20。

③ 圈梁兼作过梁时，过梁部分的钢筋应按计算用量单独配置。

④ 挑梁与圈梁相遇时，宜整体现浇；当采用预制挑梁时，应采取适当措施，保证圈梁、过梁、芯柱的整体连接。

⑤ 屋盖处圈梁宜采用现浇施工工艺。

3) 在外墙转角、楼梯间四角的纵横墙交接处的三个孔洞，应设置素混凝土芯柱。芯柱截面不宜小于120mm×120mm，应采用不低于C20的细石混凝土灌实。钢筋混凝土芯柱每孔内插竖筋不应小于1ϕ10，底部应伸入室内地坪下500mm或与基础圈梁锚固，顶部应与屋盖圈梁锚固。

芯柱应沿房屋全高贯通，并与各层圈梁整体现浇，如图7-25所示。在钢筋混凝土芯柱处，沿墙高每隔400mm应设ϕ4钢筋网片拉结，每边伸入墙体不应小于600mm。

图7-25 芯柱贯穿楼板的构造

4) 采用小砌块的房屋，应在外墙四角、楼梯间四角的纵横墙交接处设置构造柱。构造柱最小截面宜为190mm×

190mm，纵向钢筋宜采用4φ12，横筋间距不宜大于250mm。

构造柱与砌块连接处宜砌成马牙槎，并应沿墙高每隔400mm设焊接钢筋网片，钢筋网片的纵向钢筋不应少于2φ4，横筋间距不应大于200mm，网片伸入墙体不应小于600mm。与圈梁连接处的构造柱的纵筋应穿过圈梁，构造柱纵筋应上下贯通。

7.17 混凝土小型空心砌块施工时，有哪些砌筑要求？

（1）墙体砌筑

1）墙体放线及设皮数杆。施工前，应将基础面或楼层结构面按标高找平，并放出一皮砌块的轴线、砌体边线、洞口线等。放线结束后还应进行复线。并在房屋四周等处设置皮数杆，皮数杆间距不宜超过15m，相对两皮数杆之间拉准线，依准线砌筑。

2）砌块排列。砌块排列按砌块规格在墙体范围内分块定尺寸、划线。排列砌块时应从基础面开始。外墙转角及纵横墙交接处，应将砌块分皮咬槎、对孔错缝搭砌。

3）砌块的湿润。普通混凝土小型砌块不宜浇水湿润；在天气干燥炎热的情况下，可提前洒水湿润，小砌块表面有浮水或受潮后，必须干燥后方可使用。

4）砌筑。墙体砌筑应从房屋外墙转角定位处开始。应砌一皮校正一皮，拉线控制砌体标高和墙面平整度。在基础顶面和楼面圈梁顶面，砌筑第一皮砌块时，砂浆应满铺。小砌块或带保温夹芯层的小砌块，均应底面向上进行反砌。

小砌块墙内不得混砌黏土砖或其他墙体材料。小砌块砌筑形式应每皮顺砌,上下皮小砌块应对孔,竖缝应相互错开1/2主规格小砌块长度。190mm厚度的小砌块内外墙和纵横墙必须同时砌筑并相互交错搭接。临时间断处应砌成斜槎,斜槎水平投影长度不应小于斜槎高度。严禁留直槎。

砌筑小砌块的砂浆应随铺随砌,砌体灰缝应横平竖直。水平灰缝宜采用坐浆法满铺小砌块全部壁肋或多排孔小砌块的封底面;竖向灰缝应采取满铺端面法:即将小砌块端面向上铺满砂浆再上墙挤紧,然后加浆插捣密实。饱满度均不宜低于90%,水平灰缝厚度和竖向灰缝宽度宜为10mm,但不得小于8mm,也不得大于12mm。墙面必须用原浆做勾缝处理,缺灰处应补浆压实,并宜做成凹缝,凹进墙面2mm。

小砌块墙体孔洞中需充填隔热隔声材料时,应砌一皮填一皮。并应填满,不得捣实。

砌筑带保温夹芯层的小砌块墙体时,应将保温夹芯层一侧靠置室外,并应对孔错位。左右相邻小砌块中的保温夹芯层应互相衔接,上下保温夹芯层之间的水平灰缝处应砌入同质保温材料。

正常施工条件下,小砌块墙体的砌筑高度宜控制在1.4m或一步脚手架高度内。

房屋顶层内粉刷必须待钢筋混凝土平屋面保温层、隔热层施工完成后进行;对钢筋混凝土坡屋面,应在屋面工程完工后进行。房屋外墙抹灰必须待屋面工程全部完工后进行。墙面设有钢丝网的部位,应先用有机胶拌制的水泥浆或界面剂等材料满铺后,方可进行抹灰施工。

抹灰前墙面不宜洒水。天气炎热干燥时可在操作前1~

2h 适度喷水。墙面抹灰应分层进行，总厚度应为 18～20mm。

(2) 芯柱施工

芯柱施工应符合下列要求：

1) 每层每根芯柱柱脚应采用竖砌单孔 U 型、双孔 E 型或 L 型小砌块留设清扫口。

2) 灌筑芯柱的混凝土应采用坍落度为 70～80mm 的细石混凝土。灌筑芯柱前，应先浇筑 50mm 厚的水泥砂浆，水泥砂浆应与芯柱混凝土成分相同。芯柱混凝土必须待砌体砂浆抗压强度达到 1MPa 时方可浇灌，并应定量浇灌。

3) 浇筑混凝土时必须按连续浇灌、分层捣实的原则进行操作，一直浇筑至离该芯柱最上一皮小砌块顶面 50mm 止，不得留施工缝。分层厚度在 300～500mm。振捣时宜选用微型插入式振动棒。

4) 芯柱钢筋应采用带肋钢筋，并从上向下穿入芯柱孔洞，通过清扫口与基础圈梁、层间圈梁伸出的插筋绑扎搭接，搭接长度应为钢筋直径的 45 倍。

5) 每层墙体砌筑到要求标高后，应及时清扫芯柱孔洞内壁及芯柱孔道内掉落的砂浆等杂物。

(3) 构造柱施工

设置钢筋混凝土构造柱的小砌块砌体，应按绑扎钢筋、砌筑墙体、支设模板、浇筑混凝土的施工顺序进行。

墙体与构造柱连接处应砌成马牙槎。从每层柱脚开始，先退后进，形成 100mm 宽 200mm 高的凹凸槎口。柱脚间应采用 2ϕ6 的拉结筋拉结、间距为 400mm，每边伸入墙内长度应为 1000mm 或伸至洞口边。

构造柱混凝土保护层应为 20mm，且不应小于 15mm。混凝土坍落度应为 50~70mm。

浇筑混凝土前应清除落地灰等杂物并将模板浇水湿润，然后先注入与混凝土成分相同的 50mm 厚水泥砂浆，再分层浇筑、振捣混凝土，直至完成。

7.18 模板的种类有哪些？模板系统由哪几部分组成？在钢筋混凝土工程施工中，对模板有哪些要求？

模板的种类很多，按材料分类，可分为：木模板、钢木模板、胶合板模板、钢竹模板、钢模板、塑料模板、玻璃钢模板、铝合金模板等。

按结构的类型分类有：基础模板、柱模板、楼板模板、楼梯模板、墙模板、壳模板和烟囱模板等。

按施工方法分类有：现场装拆式模板、固定式模板、移动式模板和永久性模板等。

模板系统由两部分组成：一部分是形成混凝土结构或构件形状和几何尺寸的模板，另一部分是保证模板设计位置的支撑和连接件。

在钢筋混凝土工程施工中，要求模板及其支撑能保证结构和构件的形状、尺寸和相互间的位置正确；要有足够的强度、刚度和稳定性，能可靠地承受新浇混凝土的自重和侧压力以及施工中产生的荷载；构造要简单，装拆尽量方便，能多次周转使用；模板的接缝要严密，不漏浆；所用材料受潮后不易变形。

7.19 基础模板由哪些构造部分组成？

基础的特点是高度较小而体积较大。基础模板一般利用地基或基坑（基槽）进行支撑。如土质良好，基础的最下一级可不用模板而采用原槽浇注。安装基础模板时，应严格控制好基础平面的轴线和模板上口的标高，保证上下模板不发生相对位移。无论是条形基础还是独立基础，都必须弹好线后再支模。基础模板的常用形式如图 7-26 所示。

图 7-26　阶梯形基础模板
1—拼板；2—斜撑；3—木桩；4—铁丝

7.20 柱模板的构造组成是什么？安装时有哪些注意事项？

柱的特点是断面尺寸不大而高度较大。柱模板安装必须与钢筋骨架的绑扎密切配合，还应考虑浇注混凝土的方便和保证混凝土的质量。柱模板的安装，主要解决柱子的垂直和模板的侧向稳定，为防止混凝土振捣时发生爆模现象，在支模时必须设置一定数量的柱箍，且越往下越密。为浇注混凝土和清理垃圾的方便,当柱子较高时尚应在柱模板上留设混凝土浇筑孔和垃圾清理孔。模板的垂直度一般用吊垂线的方法来校正。矩形柱模板如图7-27所示。

图 7-27 柱模板

柱模板安装时的注意事项:

(1) 先找平调整柱底标高,必要时可用水泥砂浆修整。

(2) 柱模板可用木模或钢模,可采用整板式或拼装式,柱脚应预留清扫口,柱子较高时,应每隔 2m 预留浇筑施工口。

(3) 采用木模板时,柱模一般应加立楞(一般采用 50mm×100mm 方木),用方木夹箍和直径 12~16mm 的夹紧螺栓固定。

(4) 使用钢模板时,柱子可直接加箍固定,宜采用工具式柱箍,柱箍形式有扁钢柱箍(—60×5 扁钢)、角钢柱箍

(L75×50×5)、钢管柱箍(直径 48mm、厚度 3.5mm)等;一般情况下柱箍间距为 400~1000mm。

(5)柱模顶端距梁底或板底 50mm 范围内,应确保柱与梁或板接头不变形及不漏浆,所有接头处模板应制作认真,拼缝严密、牢固。

(6)构造柱模板,在各层砖墙留马牙槎砌好后,分层支模,用柱箍穿墙夹紧固定,柱和圈梁的模板,都必须与所在墙的两侧严密贴紧,支撑牢靠,防止板缝漏浆。

7.21 梁板模板的构造组成是什么?安装时有哪些注意事项?

梁的特点是断面不大,但水平长度较大而且架空。梁模板由梁底模、两侧模以及支撑系统组成。梁的侧模板承受混凝土侧压力,故底部用夹条夹牢而内侧紧靠在底模上,侧模上部靠斜撑固定或由支撑楼板模板的格栅顶住。梁底模和支柱承受全部垂直荷载,应具备足够的强度和刚度,故梁底模和支柱承受全部垂直荷载,应具备足够的强度和刚度,故梁底模一般用 40~50mm 的厚板。底模下的支柱应支撑在坚实的地面楼面或垫木板上。支柱应用伸缩式的或在底部垫一对木楔,以便调整梁底标高和拱度。支柱间应用水平和斜向拉杆拉牢,以增加整体稳定性。当层高高度大于 5m 时,且选用桁架等支模,以减少支柱的数量。当梁的跨度等于及大于 4m 时,应使梁底模中部略为拱起,以防止由于灌注混凝土后跨中梁底下垂。如设计无规定时,起拱高度宜为全跨长度的 0.1%~0.3%。

楼板的特点是面积大而厚度小。由于平面面积大而又架空,故底模和支撑必须牢固稳定,目前多采用定型模板,它支撑在格栅上,格栅支撑在梁侧模外的横档上,跨度大的楼板,格栅中间可以再加一至几排牵杠和牵杠撑作为支撑。如图7-28所示。

图7-28 有梁模板一般支撑方法
1—楼板模板;2—梁侧模板;3—栅格;4—横档;5—牵杠;
6—夹条;7—短撑木;8—牵杠撑;9—支柱(琵琶撑)

安装时的注意事项如下:

(1)组成梁模板的梁底模(木板厚度不小于50mm)及侧模板(木模或胶合板拼制而成),在梁底均应有支撑系统,一般采用支柱(琵琶撑)或桁架支撑,当采用脚手钢管和扣件搭设支撑时,宜搭设成整体排架式。

(2)梁模板宜采用侧包底的支模法,侧模背面应加钉竖向、水平向及斜向支撑。

(3)支柱(琵琶撑)之间应设拉杆,互相拉撑成一整体,离地面500mm设一道,以上每隔2m设一道,支柱下均垫楔子(校正高低后钉牢)和垫板。

(4)在架设支柱影响交通的地面,可采用斜撑、两边对撑(俗称龙门撑)或架空支模;上下层梁底模支柱,一般应安装在一条竖向中心线上。

（5）圈梁模板采用卡具法（适用于钢模）和挑扁担法（适用于木模和钢模）。

（6）当板跨度超过1500mm时，应设大横楞（俗称牵杠）和立柱支撑，上铺平台搁栅（木方），搁栅找平后，在上面铺钉木模板，铺木板时只在两端及接头处钉牢。

（7）当用胶合板作楼板底模时，搁栅间距不宜大于500mm。

（8）当用钢模作楼板模板时，支撑一般采用排架式或满堂脚手架式搭法，顶部用直径48mm钢管作搁栅，间距一般不得大于750mm。

（9）悬挑板模板其支柱一般不落地，采用下部结构作基点，斜撑支承悬挑部分。也可用三角架支模法，采用直径48mm钢管支模时，一般采用排架及斜撑杆由下一层楼面架设，悬挑模板必须搭牢拉紧，防止向外倾覆。

（10）支撑板式楼梯底板的搁栅间距宜为500mm，支承搁栅和横托木间距为1000~2000mm，托木两端用斜支撑支柱，下用单楔楔紧，斜撑用牵杠互相拉牢，搁栅外面钉上外帮侧板，其高度与踏步口齐。

（11）梯步高度要均匀一致，踏步侧板下口钉一根小支撑，以保证踏步侧板的稳固，楼梯扶手栏杆预留孔或预埋件应按图纸位置正确埋好。

7.22 如何确定模板的拆除时间和拆除顺序？

（1）模板的拆除时间

1）侧模板（如柱模、梁侧模）应在混凝土的强度能保持其表面及棱角在拆模时不致损坏时,方可拆除模板。

2)底模板(如梁底模板、楼板底模板)则应在与结构同条件养护的试块强度达到规定强度时方能拆除。

(2)模板的拆除顺序

柱模板→楼板模板的底模→梁侧模→梁底模

7.23 钢筋是如何进行分类的?

(1)按化学成分分类

1)热扎碳素钢:热扎碳素钢按含碳量多少可分为低碳钢(含碳量小于0.25%),中碳钢(含碳量0.26%～0.6%),高碳钢(含碳量大于0.6%)。低中碳钢的强度低,质韧而软,有明显的屈服点,常称软钢;高碳钢的强度高,质硬而脆,无明显屈服点,常称硬钢。建筑工程中常用低碳钢。

2)普通低合金钢:在碳素钢中加入少量的合金元素,如锰、钛、硅、钒等,以提高强度改善塑性,多属软钢。

(2)按绑扎外形分类

1)光圆钢筋:HPB235级钢筋均轧制为光面圆形截面,通常直径6～10mm钢筋盘圆供应制成圆盘供应,直径大于12mm的钢筋轧成6～12m的直条供应。使用时端头需加工弯钩。

2)带肋钢筋:一般HRB335级、HRB400级、RRB400级钢筋,表面被扎制成螺旋纹、人字纹、月牙纹,增大与混凝土的粘结力。

3)钢丝与钢绞线

(3)按直径分类

直径3～5mm的称为钢丝,直径6～12mm的称为细钢筋,直径大于12mm的称为粗钢筋。

(4) 按加工工艺分类

按加工工艺的不同,钢筋分为热轧钢筋、冷拉钢筋、冷拔钢丝和热处理钢筋,另外还有刻痕钢丝、钢绞线等。

7.24 农村建房中钢筋的制作有哪些要求?

(1) 钢筋的级别、种类和直径应按图纸要求采用,当需要代换时,应征得设计或主管单位同意。

(2) 钢筋加工的形状、尺寸必须符合图纸要求。钢筋表面应洁净、无损伤。带有颗粒或片状老锈的钢筋不得使用。

(3) HPB235级钢筋末端需要作180°弯钩,其圆弧弯曲直径应不小于钢筋直径的2.5倍,平直部分长度不宜小于钢筋直径的3倍;HRB335级钢筋末端需作90°或135°弯折,其弯曲直径不宜小于钢筋直径的4倍,平直部分应按设计要求确定。

(4) 箍筋末端应作弯钩,用HPB235级钢筋或冷拔低碳钢丝制作的箍筋,其弯曲直径不得小于箍筋直径的2.5倍,平直部分的长度一般结构不宜小于箍筋直径的5倍,对有抗震要求的结构不应小于箍筋直径的10倍,弯钩形式90°/180°或90°/90°;对有抗震要求和受扭的结构,弯钩形式135°/135°。

(5) 钢筋在加工过程中发现脆断、焊接性能不良时,应抽样进行化学成分检验或其他专项检验。

7.25 常用的钢筋连接方法有哪些?连接时应符合哪些规定?

(1) 钢筋的绑扎

钢筋的绑扎连接时,在钢筋搭接处中心及两端,用20

号~22号钢丝扎牢。绑扎钢筋系纯手工操作,劳动量大,浪费钢材,但优点是不受部位和工具的限制,操作简便。纵向受拉钢筋绑扎搭接接头的搭接长度应按现行国家标准《混凝土结构设计规范》(GB 500010)的规定进行计算确定。当纵向受拉钢筋的绑扎搭接接头面积百分率不大于25%时,其最小搭接长度应符合表7-6的规定。

当纵向受拉钢筋的绑扎搭接接头百分率大于25%,但不大于50%时,其最小搭接长度应按表中数值乘以系数1.2取用;当接头面积百分率大于50%时,其最小搭接长度应按表中数值乘以系数1.35取用,当带肋钢筋的直径大于25mm时,其最小搭接长度应按表中的系数乘以系数1.1取用。并在任何情况下,受拉钢筋的搭接长度不应小于300mm。

纵向受拉钢筋的最小搭接长度 表7-6

钢筋种类		混凝土强度等级			
		C15	C20~C25	C30~C35	≥C40
光面钢筋	HPB235级	45d	35d	30d	25d
带肋钢筋	HPB335级	55d	45d	35d	30d
	HPB400级、RBB400级	—	55d	40d	35d

注:两根直径不同的钢筋的搭接长度,以较细的钢筋直径计算。

纵向受压钢筋搭接时,其最小搭接长度应根据受拉钢筋的规定确定相应数值后,乘以系数0.7取用。在任何情况下,受压钢筋的搭接长度不应小于200mm。

(2) 钢筋的焊接

以焊接代替绑扎,可节约钢筋,改善结构受力性能,提高工效,降低成本。工程中常用的焊接方法有闪光对焊、电弧焊、电渣压力焊、埋弧压力焊及点焊等。

1) 闪光对焊：闪光对焊广泛用于钢筋接长及预应力筋与螺丝端杆的焊接。闪光对焊是利用对焊机使电极间的钢筋两端接触，通过低电压电流，使钢筋加热到可焊温度后，加压焊合成对焊接头。焊接时会产生金属火花飞溅，形成闪光现象，可获得较好的焊接质量。如图 7-29 所示。

图 7-29　闪光对焊示意图
1—钢筋；2—固定电极；3—可动电极；
4—基座；5—焊接变压器

2) 电弧焊：电弧焊是利用弧焊机送出低压的高电流，使焊条与电弧燃烧范围内的焊件熔化，待其凝固便形成焊缝或接头。电弧焊广泛用于钢筋接头、钢筋骨架焊接、装配式结构接头的焊接、钢筋与钢板的焊接及各种钢结构焊接等，钢筋电弧焊的接头主要形式有搭接焊接、帮条焊、坡口焊如图 7-30 所示等。农村建房中宜采用帮条焊和搭接焊。

3) 电渣压力焊：电渣压力焊是利用电流通过渣池产生的电阻热将钢筋端部熔化，然后施加电压使钢筋焊接在一起。这种方法适用于现场竖向钢筋的接长，比电弧焊工效高、省钢材、成本低，多用于现浇钢筋混凝土结构竖向钢筋的接长，如图 7-31 所示。

4) 点焊：利用点焊机进行交叉钢筋的焊接，可成型为钢筋网片或骨架，以代替人工绑扎，如图 7-32 所示。同人

坡口焊

帮条焊　　　　　　　　　搭接焊

图 7-30　坡口焊、帮条焊、搭接焊

图 7-31　电渣压力焊工作原理图　　图 7-32　电焊工作原理示意图

1—钢筋；2—夹钳；3—凸轮；　　　　　1—电极；2—钢筋
4—焊剂；5—铁丝团环
球或导电焊剂

工绑扎相比较，电焊具有工效高、节约劳动力、成品整体性好、节约材料、降低成本等特点。

(3) 钢筋的机械连接

近年来在工程施工中，尤其是在现浇钢筋混凝土结构施工现场粗钢筋的连接中，广泛采用了机械连接技术，常用的有钢筋套筒挤压连接和锥螺纹套管连接，都是利用钢筋表面轧制（或特制）的螺纹（或横肋）和连接套管之间的机械咬合作用来传递钢筋的拉压力。机械连接方法具有工艺简单、节约钢材、改善工作环境、接头性能可靠、技术易掌握、工作效率高、节约成本等优点。

1) 钢筋套筒挤压连接：钢筋套筒挤压连接是将需连接的变形钢筋插入特制钢套筒内，利用挤压机（专用液压压接钳）挤压钢套筒，使之产生塑性变形，其内周壁变形而嵌入钢筋螺纹，从而紧紧咬住变形钢筋以实现连接。它适用于较大直径（φ20～φ40）变形钢筋的连接。

钢筋套筒挤压连接有径向挤压和轴向挤压两种，如图7-33所示。

图7-33 钢筋套筒挤压连接
1—钢套筒；2—变形钢筋；3—压膜

2) 钢筋锥螺纹套管连接：钢筋锥螺纹套管连接是利用锥螺纹能承受轴向力和水平力、密封自锁性好的原理，靠规定的机械力把钢筋连接在一起,如图7-34所示。施工过程为:用于连接的钢套管内壁在工厂专用机床上加工有锥螺纹,钢筋的对接接头亦在钢筋套丝机上加工成与套管匹配的锥螺纹。钢筋连接时,经对螺纹检查无油污和损伤后,先用手旋入钢筋,然后用扭矩扳手紧固至规定的扭矩后即完成。

图7-34 钢筋锥螺纹套管连接
1—连接钢筋;2—钢套管

7.26 钢筋的代换应遵循哪些原则?

当施工中遇有钢筋的品种或规格与设计要求不符合时,经设计单位同意,办理了设计变更文件后可参照以下原则进行钢筋代换:

(1) 钢筋代换时,要充分了解设计意图和代换材料的性能,按设计规范和有关规定经计算后提出。

(2) 不同类型的钢筋的代换,应按钢筋受拉承载力设计值相等的原则进行。

(3) 当构件受抗裂、裂缝宽度或挠度控制时,钢筋代换后应进行抗裂、裂缝宽度或挠度验算。

(4) 钢筋代换后,应满足混凝土结构设计规范中所规定的钢筋间距、锚固长度、最小钢筋直径、根数等要求。

(5) 对重要受力构件,不宜用HPB235级光面钢筋代替变形(带肋)钢筋。

(6) 梁的纵向受力钢筋与弯起钢筋以及箍筋应分别进行代换与验算。

(7) 对有抗震要求的框架,不宜用强度较高的钢筋代替原设计中的钢筋。

（8）预制构件的吊环，必须采用未经冷拉的 HPB235 级热轧钢筋制作，严禁用其他钢筋代换。

（9）钢筋代换后其用量不宜大于原设计的 5%，不低于原设计的 2%。

（10）同一截面内，可同时配有不同种类和直径的代换钢筋，但每根钢筋的拉力差不应过大（如同品种钢筋的直径差值一般不大于 5mm），以免构件受力不匀。

7.27 现浇混凝土现场搅拌有哪些规定？

混凝土的搅拌要达到两方面的要求：一是保证混凝土拌合物的均匀性；二是能够保证按施工进度所要求的产量。

（1）搅拌混凝土时应用机械搅拌，必须按试验的配合比所规定的材料品种、规格和数量进行配料。

（2）拌制混凝土宜采用饮用水，不得采用海水拌制。

（3）混凝土搅拌的最短时间为 90 秒，当掺有外加剂时，搅拌时间应适当延长30～60 秒；严禁在拌料出机后外加水分。

（4）振动器捣实板、梁、柱的混凝土坍落度控制在 5～7cm。

（5）混凝土坍落度检测。现场搅拌混凝土，每工作台班取样不得少于 2 次；坍落度的允许偏差±10mm。

（6）混凝土强度检验的规定：

1）现场搅拌混凝土取样频率，每拌制 100 盘且不超过 100m³ 的同配合比混凝土，其取样不得少于一次；

2）每工作班拌制的相同配合比的混凝土不足 100 盘时，

其取样也不得少于一次，每次取样应至少留置一组标准养护试件（每组3个）；

3）对现浇混凝土结构，每一现浇楼层同配合比的混凝土，其取样不得少于一次；

4）同一单位工程每一验收项目中同配合比的混凝土，其取样不得少于一次。

7.28 混凝土运输包括哪些方面？基本要求是什么？

混凝土应及时运送至浇筑点，包括地面水平运输、垂直运输和楼层面上的水平运输。对混凝土运输的基本要求是：

(1) 混凝土的运输过程中要能保持良好的均匀性，不离析、不漏浆；

(2) 保证混凝土具有所规定的坍落度；

(3) 使混凝土初凝前浇筑完毕；

(4) 保证混凝土浇筑的连续进行。

混凝土的垂直运输多采用塔吊、井架、龙门架或混凝土泵等。混凝土的地面水平运输可采用双轮手推车、机动翻斗车、混凝土搅拌运输车或自卸汽车。当混凝土需要量大，运距较远或使用商品混凝土时，多用自卸汽车或混凝土搅拌运输车。

楼面水平运输可用双轮手推车、皮带运输机，塔吊和混凝土泵也可以解决一定的水平运输。楼面运输时必须采取措施防止钢筋位置变位，还要随时检查模板情况防止发生变形，并要尽量减少颠簸防止混凝土离析。

7.29 混凝土浇筑的注意事项有哪些？

混凝土的浇筑是将混凝土放入已安装好的模板内并振捣

密实以形成符合要求的结构或构件。混凝土浇筑前,应进行模板钢筋工程的检查验收,验收合格后,要填好有关技术资料;要设计好施工方案,准备好各种原材料和施工机具设备,搞好水电供应工作,检查安全设施是否完备,运输通道是否通畅,还要了解天气情况。

混凝土浇筑的注意事项如下:

(1)混凝土应在初凝之前浇筑完毕,如在浇筑之前已有初凝或离析现象,则应进行强力搅拌,使其恢复流动性后方可入模。

(2)混凝土的自由降落高度,不应大于2m。当浇筑高度大于3m时,应采用串筒溜槽或采用带节管的振动串筒使混凝土下落,如图7-35所示。

图7-35 防止混凝土离析的措施
1—溜槽;2—挡板;3—串筒;4—漏斗;5—节管;6—振动器

(3)为了保证混凝土构件的整体性,浇筑时必须分层浇筑,分层振捣密实。

(4)混凝土的浇筑应尽量连续进行,重要构件最好一次浇筑完毕。间歇时间超过相关规定时,应在规定位置按要求留设施工缝。

（5）应注意混凝土的浇筑顺序。一般是自下而上、由外向里对称浇筑。对于厚大体积的混凝土的浇筑，浇筑前应制定出详细的浇筑方案。

7.30 混凝土振捣有哪些规定？

（1）混凝土应机械振捣成型。

（2）柱、梁应用插入式振动器振实，每点振捣时间为20~30s，插入深度为棒长的3/4，振动棒的作用半径一般为300~400mm，分层浇筑时，应插入下一层中50mm左右，应做到"快插慢拔"。

（3）屋面、楼板、地面、垫层等应用平板式振动器振捣密实，每一位置上应连续振动约25~40秒，以混凝土表面出现浮浆为准，前后位置和排间相互搭接应为3~5cm，移动速度通常每分钟2~3m，防止漏振，平板式振动器的有效作用深度，在无筋及单筋平板中约200mm，在双筋平板中约为120mm。

（4）当平板厚度大于200mm和带梁平板时，应先用插入式振动器振实后，表面再用平板式振动器振实。

（5）混凝土用机械振捣密实后，表面用刮尺刮平，应在混凝土终凝前两次或三次压光予以修整。

7.31 混凝土的养护方法有哪几种？各有什么要求？

混凝土浇筑后，应提供良好的温度和湿度环境，以保证混凝土能正常凝结和硬化。混凝土养护不好，会影响其强度、耐久性和整体性，表面会出现片状或粉状剥落、产生干缩裂纹等。混凝土养护分为自然养护和加热养护两种。

(1) 自然养护

混凝土的自然养护是指在常温（平均气温不低于5℃）条件下，于一定时间内使混凝土保持湿润状态。自然养护又可分为洒水养护和喷洒塑料薄膜养生液养护。

洒水养护是指用吸水保温能力较强的材料（如草帘、芦席、麻袋、锯末等）将混凝土覆盖，经常洒水使其保持湿润，是施工现场使用最多的养护方式。喷洒养生液养护是将养生液用喷枪喷洒在混凝土表面，形成一层塑料薄膜，使混凝土与空气隔绝，阻止水分的蒸发，保证水化作用的正常进行，适用于不易洒水养护的高耸构筑物和大面积混凝土结构及缺水地区。

(2) 加热养护

自然养护成本低、效果好，但养护期长。为缩短养护期，提高模板的周转率和场地的利用率，一般生产预制构件时，宜采用加热养护，在较高的温度和相对湿度环境中对混凝土进行养护，以加速混凝土硬化，使其在较短时间内达到规定的强度标准值。常用的有蒸汽室养护和热模养护等。

7.32 常用的混凝土质量缺陷的修补方法有哪些？

(1) 表面抹浆修补

对于属于一般缺陷的裂缝、麻面、露筋、蜂窝等缺陷，可采用 (1:2.5)~(1:2) 水泥砂浆抹面修整。在抹砂浆前，需先用钢丝刷清理并清洗湿润，抹后应做好养护工作。

(2) 细石混凝土填补

对于属于严重缺陷的露筋、蜂窝等缺陷，以及空洞、夹渣、疏松等缺陷，应先将有缺陷的混凝土清除，清理干净并湿润后，再用比原来强度等级高一级的细石混凝土填补并捣实。修补时应注意不要出现死角。考虑到后补混凝土的收缩，可以在后补混凝土中加入适量的微膨胀剂且后补混凝土水灰比宜在 0.5 以内。

(3) 水泥灌浆和化学灌浆

对于属严重缺陷的裂缝，为保证结构的受力性能和使用性能，应根据裂缝的宽度性能和施工条件等，采用水泥灌浆或化学灌浆的方法予以修补。对于宽度大于 0.5mm 的裂缝，可采用水泥灌浆，宽度小于 0.5mm 的裂缝，宜采用化学灌浆。化学灌浆所用的灌浆材料，应根据裂缝性质、缝宽和干燥情况选用。补强用灌浆材料，常用的有环氧树脂浆液和甲凝等；防渗堵漏用的灌浆材料，常用的有丙凝和聚氨酯等。

7.33　防水屋面施工的基本要求有哪些？

(1) 屋面防水的选择应结合农村的使用要求来考虑，选择平屋面可以兼作粮食晒场，但平屋面防水还存在一些问题未解决，如果防水未能做好，会产生渗漏现象。目前住宅常采用坡屋面。

(2) 平屋面排水坡度。结构找坡坡度宜为 3%；材料找坡坡度宜为 2%；天沟、檐沟纵向坡度应不小于 1%；内排水的水落口周围 500mm 内坡度不小于 5%，并做成杯形凹坑；自由排水的檐口在 500mm 范围内坡度不小于 15%。

(3) 防水工程必须由防水专业队伍及持有上岗证的防水工施工，严禁非防水专业队伍或无证防水工施工。

(4) 防水工程施工前，应对前道分部（项）工程进行验收签字，施工中应根据施工顺序进行分项工程检查，隐蔽工程应经验收合格后，才能进行下道工序施工。特别是伸出结构的管道、设备或预埋件等，应在防水层施工前安设完毕。结构防水层完工后，应避免在其上凿孔打洞。

(5) 水落管内径不应小于75mm，一根水落管的屋面最大汇水面积宜小于200m^2；水落管距离墙面不应小于20mm；其排水口距散水坡的高度不应大于200mm；水落管应用管箍与墙面固定，接头的承插长度不应小于40mm。

(6) 各种防水节点的做法。应根据屋面的结构变形、温度变形、干缩变形和振动等因素，使节点设防能够满足变形的需要。可采用柔性密封、防排结合、材料防水和构造防水相结合的做法；还可采用卷材、防水涂料、密封材料和刚性防水相结合等互补并用的多道设防。

(7) 屋面防水施工完毕后，必须进行淋（蓄）水试验，经过雨后检查，确保不渗不漏。

(8) 找平层施工应注意事项：

1) 找平层施工前，应检查结构层的质量、屋面板安装、屋面板灌缝、排水坡度、天沟、水落口标高、管道、预埋件等施工和安装质量，并经隐蔽工程检查验收合格后，才可施工找平层；

2) 应对基层适当洒水湿润，并于铺浆前1小时在基层表面刷素水泥浆一道，使找平层与基层牢固结合；

3) 找平层宜留设分格缝，缝宽一般为20mm，应留在预制板支承边的拼缝处，分格缝纵横向最大间距，水泥砂浆找平层不宜大于6m；一个分格缝区域内的砂浆要一次铺足，不留施工缝；

4) 阴阳角部位应做成圆弧;

5) 满铺砂浆后用刮尺刮平拍实,用木抹子搓压提浆,开始凝结时,用钢抹子压第二遍,终凝前第三次抹平、压实;

6) 终凝后洒水养护不少于7d;

7) 铺设隔汽层和防水层时,基层干燥程度在现场的简易检验方法是将$1m^2$的卷材或塑料薄膜平整地铺设在找平层上,静置3~4小时后掀开检查,找平层覆盖部位与卷材、塑料薄膜上未见水印即可铺设。

7.34 常见的卷材防水层屋面的施工有哪几种?

(1) 沥青卷材防水施工

卷材防水层施工的一般工艺流程如图7-36所示。

图 7-36 卷材防水施工工艺流程图

1) 铺设方向。卷材的铺设方向应根据屋面坡度和屋面是否有振动来确定。当屋面坡度小于3%时,卷材宜平行于屋脊铺贴;屋面坡度在3%~15%之间时,卷材可平行或垂直于屋脊铺贴;屋面坡度大于15%或屋面受振动时,沥青防水卷材应垂直于屋脊铺贴。上下层卷材不得相互垂直铺贴。

2) 施工顺序。屋面防水层施工时,应先做好节点、附加层和屋面排水比较集中部位(如屋面与水落口连接处、檐口、天沟、屋面转角处、板端缝等)的处理,然后由屋面最低标高处向上施工。铺贴天沟、檐沟卷材时,宜顺天沟、檐口方向,尽量减少搭接。铺贴多跨和有高低跨的屋面对,应按先高后低、先远后近的顺序进行。大面积屋面施工时,应根据屋面特征及面积大小等因素合理划分流水施工段。施工段的界线宜设在屋脊、天沟、变形缝等处。

3) 搭接方法及宽度要求。铺贴卷材采用搭接法,上下层及相邻两幅卷材的搭接缝应错开。平行于屋脊的搭接应顺流水方向;垂直于屋脊的搭接应顺主导风向。叠层铺设的各层卷材,在天沟与屋面的连接处,应采用叉接法搭接,搭接缝应错开,接缝宜留在屋面或天沟侧面,不宜留在沟底。

4) 铺贴方法。沥青卷材的铺贴方法有浇油法、刷油法、刮油法、撒油法四种。通常采用浇油法或刷油法,在干燥的基层上满涂沥青胶,应随浇涂随铺油毡。铺贴时,油毡要展平压实,使之与下层紧密粘结,卷材的接缝,应用沥青胶赶平封严。对容易渗漏水的薄弱部位(如天沟、檐口、泛水、水落口处等),均应加铺1~2层卷材附加层。

5) 屋面特殊部位的铺贴要求。天沟、檐沟、檐口、水落口、泛水、变形缝和伸出屋面管道的防水构造，必须符合设计要求。天沟、檐沟、檐口、泛水和立面卷材收头的端部应裁齐，塞入预留凹槽内，用金属压条，钉压固定，最大钉距不应大于 900mm，并用密封材料嵌填封严，凹槽距屋面找平层不小于 250mm，凹槽上部墙体应做防水处理。

水落口杯应牢固地固定在承重结构上，如系铸铁制品，所有零件均应除锈，并刷防锈漆；天沟、檐沟铺贴卷材应从沟底开始。如沟底过宽，卷材纵向搭接时，搭接缝必须用密封材料封口，密封材料嵌填必须密实、连续、饱满，粘结牢固，无气泡，不开裂脱落。沟内卷材附加层在与屋面交接处宜空铺，其空铺宽度不小于 200mm，其卷材防水层应由沟底翻上至沟外檐顶部，卷材收头应用水泥钉固定并用密封材料封严，铺贴檐口 800mm 范围内的卷材应采取满粘法。

铺贴泛水处的卷材应采取满粘法，防水层贴入水落口杯内不小于 50mm，水落口周围直径 500mm 范围内的坡度不小于 5%，并用密封材料封严。

变形缝处的泛水高度不小于 250mm，伸出屋面管道的周围与找平层或细石混凝土防水层之间，应预留 20mm～20mm 的凹槽，并用密封材料嵌填严密，在管道根部直径 500mm 范围内，找平层应抹出高度不小于 30mm 的圆台。管道根部四周应增设附加层，宽度和高度均不小于 300mm。管道上的防水层收头应用金属箍紧固，并用密封材料封严。

(2) 高聚物改性沥青卷材防水施工

依据高聚物改性沥青防水卷材的特性，其施工方法有冷粘法、热熔法和自粘法之分。在立面或大坡面铺贴高聚物改性沥青防水卷材时，应采用满粘法，并宜减少短边搭接。

1) 冷粘法施工。冷粘法施工是利用毛刷将胶粘剂涂刷在基层或卷材上，然后直接铺贴卷材，使卷材与基层、卷材与卷材粘结的方法。施工时，胶粘剂涂刷应均匀、不露底、不堆积。空铺法、条粘法、点粘法应按规定的位置与面积涂刷胶粘剂。铺贴卷材时应平整顺直，搭接尺寸准确，接缝应满涂胶粘剂，辊压粘结牢固，不得扭曲，破折溢出的胶粘剂随即刮平封口；也可采用热熔法接缝。接缝口应用密封材料封严，宽度不应小于10mm。

2) 热熔法施工。热熔法施工是指利用火焰加热器熔化热熔型防水卷材底层的热熔胶进行粘贴的方法。施工时，在卷材表面热熔后（以卷材表面熔融至光亮黑色为度）应立即滚铺卷材，使之平展，并辊压粘结牢固。搭接缝处必须以溢出热熔的改性沥青胶为度，并应随即刮封接口。加热卷材时应均匀，不得过分的热或烧穿卷材。

3) 自粘法施工。自粘法施工是指采用带有自粘胶的防水卷材，不用热施工，也不需涂胶结材料，而进行粘结的方法。铺贴前，基层表面应均匀涂刷基层处理剂，待干燥后及时铺贴卷材。铺贴时，应先将自粘胶底面隔离纸完全撕净，排除卷材下面的空气，并辊压粘结牢固，不得空鼓。搭接部位必须采用热风焊枪加热后随即粘贴牢固，溢出的自粘胶随即刮平封口。接缝口用不小于10mm宽的密封材料封严。对厚度小于3mm的高聚物改性沥青防水卷材，严禁采用热熔法施工。

(3) 合成高分子卷材防水施工

合成高分子卷材的主要品种有：三元乙丙橡胶防水卷材，氯化聚乙烯—橡胶共混防水卷材，氯化聚乙烯防水卷材和聚氯乙烯防水卷材等。其施工工艺流程与前相同。

施工方法一般有冷粘法、自粘法和热风焊接法三种。

冷粘法、自粘法施工要求与高聚物改性沥青防水卷材基本相同，但冷粘法施工时搭接部位应采用与卷材配套的接缝专用胶粘剂，在搭接缝粘合面上涂刷均匀，并控制涂刷与粘合的间隔时间，排除空气，辊压粘结牢固。

热风焊接法是利用热空气焊枪进行防水卷材搭接粘合的方法。焊接前卷材铺放应平整顺直，搭接尺寸正确；施工时焊接缝的结合面应清扫干净，应无水滴，油污及附着物。先焊长边搭接缝，后焊短边搭接缝，焊接处不得有漏焊、缺焊、焊焦或焊接不牢的现象，也不得损害非焊接部位的卷材。

7.35 刚性防水屋面施工有哪些规定？

（1）材料要求

防水层的细石混凝土宜用普通硅酸盐水泥或硅酸盐水泥，用矿渣硅酸盐水泥时应采取减少泌水性措施。水泥强度等级不宜低于32.5级。不得使用火山灰质水泥。防水层的细石混凝土和砂浆中，粗骨料的最大粒径不宜超过15mm，含泥量不应大于1%；细骨料应采用中砂或粗砂，含泥量不应大于2%；拌合用水应采用不含有害物质的洁净水。混凝土水灰比不应大于0.55，每立方米混凝土水泥最小用量不应小于330kg，砂率宜为35%～40%，灰砂比应为(1:2.5)～(1:2)，并宜掺入外加剂；混凝土强度不得低于C20。普通细石混凝土、补偿收缩混凝土的自由膨胀率应为0.05%～0.1%。

块体刚性防水层使用的块体应无裂纹、无石灰颗粒、无灰浆泥面、无缺棱掉角,质地密实,表面平整。

(2) 基层要求

刚性防水屋面的结构层宜为整体现浇的钢筋混凝土。当屋面结构层采用装配式钢筋混凝土板时,应用强度等级不小于C20的细石混凝土灌缝,灌缝的细石混凝土宜掺膨胀剂。当屋面板板缝宽度大于40mm或上窄下宽时,板缝内必须设置构造钢筋,板端缝应进行密封处理。

(3) 隔离层施工

在结构层与防水层之间宜增加一层低强度等级砂浆、卷材、塑料薄膜等材料,起隔离作用,使结构层和防水层变形互不受约束,以减少防水混凝土产生拉应力而导致混凝土防水层开裂。

1) 黏土砂浆(或石灰砂浆)隔离层施工

预制板缝填嵌细石混凝土后板面应清扫干净,洒水湿润,但不得积水,将按石灰膏:砂:黏土=1:2.4:3.6(或石灰膏:砂=1:4)配制的材料拌合均匀,砂浆以干稠为宜,铺抹的厚度约10~20mm,要求表面平整、压实、抹光,待砂浆基本干燥后。方可进行下道工序施工。

2) 卷材隔离层施工

用1:3水泥砂浆将结构层找平,并压实抹光养护,再在干燥的找平层上铺一层3~8mm干细砂滑动层,在其上铺一层卷材,搭接缝用热沥青胶胶结。也可以在找平层上直接铺一层塑料薄膜。

做好隔离层继续施工时,要注意对隔离层加强保护。混凝土运输不能直接在隔离层表面进行,应采取垫板等措施;

绑扎钢筋时不得扎破表面，浇捣混凝土时更不能振疏隔离层。

(4) 分格缝的设置

为防止大面积的刚性防水层因温差、混凝土收缩等影响而产生裂缝，应按设计要求设置分格缝。其位置一般应设在结构应力变化较突出的部位，如结构层屋面板的支承端、屋面转折处、防水层与突出屋面结构的交接处，并应与板缝对齐。分格缝的纵横间距一般不大于6m。

分格缝的一般做法是在施工刚性防水层前，先在隔离层上定好分格缝位置，再安放分格条，然后按分隔板块浇筑混凝土，待混凝土初凝后，将分格条取出即可。分格缝处可采用嵌填密封材料并加贴防水卷材的办法进行处理，以增加防水的可靠性。

(5) 防水层施工

1) 普通细石混凝土防水层施工

混凝土浇筑应按先远后近、先高后低的原则进行，一个分格缝内的混凝土必须一次浇筑完毕，不得留施工缝。细石混凝土防水层厚度不小于40mm，应配双向钢筋网片，间距100～200mm，但在分隔缝处应断开，钢筋网片应放置在混凝土的中上部，其保护层厚度不小于10mm。混凝土的质量要严格保证，加入外加剂时，应准确计量，投料顺序得当，搅拌均匀。混凝土搅拌应采用机械搅拌，搅拌时间不少于2min，混凝土运输过程中应防止漏浆和离析。混凝土浇筑时，先用平板振动器振实，再用滚筒滚压至表面平整、泛浆，然后用铁抹子压实抹平，并确保防水层的设计厚度和排水坡度。抹压时严禁在表面洒水、加水泥浆或撒干水泥。待混凝土初凝收水后，应进行二次表面压光，或在终凝前三次压光成活，以提高其抗渗性。混凝土浇筑12～24h后应进行养护，养护时间不应少于14d。养护初期屋面不得上人。施工时的气温宜在5～35℃，以保证防水层的施工质量。

2) 补偿收缩混凝土防水层施工

补偿收缩混凝土防水层是在细石混凝土中掺入膨胀剂拌制而成，硬化后的混凝土产生微膨胀，以补偿普通混凝土的收缩，它在配筋情况下，由于钢筋限制其膨胀，从而使混凝土产生自应力，起到致密混凝土，提高混凝土抗裂性和抗渗性的作用。其施工要求与普通细石混凝土防水层大致相同。当用膨胀剂拌制补偿收缩混凝土时，应按配合比准确称量，搅拌投料时膨胀剂应与水泥同时加入。混凝土连续搅拌时间不应少于3min。

7.36 防水坡屋面施工有哪些注意事项？

(1) 一般采用平瓦或油毡瓦，可铺设在钢筋混凝土或木基上，屋面排水坡度，平瓦20%～50%，油毡瓦不小于20%。

(2) 平瓦、油毡瓦屋面与山墙及突出屋面结构等的交接处，均应做泛水处理。

(3) 刮大风和地震区，以及坡度超过30°的屋面，必须用镀锌钢丝将瓦与挂瓦条扎牢，坡度小于30°时，檐口瓦应用镀锌钢丝与檐口挂瓦条扎牢。

(4) 平瓦屋面采用木基条时，应在基层上铺设一层卷材，搭接长度不小于100mm，并用顺水条将卷材压钉在木基层上，顺水条间距宜为500mm，再在顺水条上铺钉挂瓦条。

(5) 平瓦可采取在基层上设置泥背的方法铺设，泥背厚度宜为 30~50mm。

7.37 常用的木屋架的形式有哪几种？如何进行制作？

目前农村建筑中木屋架的形式，常用的有两种：一种是桁架结构，称为豪式屋架；另一种是双梁结构屋架；也有称为立字形屋架，如图 7-37 所示。

图 7-37 屋架形式
(a) 豪式屋架；(b) 立字形屋架

(1) 豪式屋架的制作

这种屋架有木桁架和钢木组合桁架。在一般的情况下，多用木质桁架。这种桁架的上下弦斜杆用方木或圆木制作，它适用于 6~18m 的跨度。它的制作方法如下：

1) 放大样

当屋架全部对称时，可在地面上按照设计的尺寸放出半榀屋架的大样，各节点均按设计要求绘出足尺实样。

① 弹出杆件轴线。先弹出一条水平线，截取 1/2 的跨度长，在右端点作该线的垂直线，并截取长度为屋架的高度，加起拱后的总和，在垂线上量出起拱高度，此点与水平线的左端点连线即得下弦轴线。在下弦上分出节点长度，并由各点作垂线得竖杆轴线，连相邻两竖杆的上下点，得腹杆

轴线，如图 7-38 所示。

② 弹出杆件边线。按上弦断面高，由上弦轴线分中得上弦上下边线；按下弦断面高减去端节点齿深后的净截面高，由下弦轴线分中得上下边线，中竖杆、斜腹杆按圆木截面分中得两边线，如图 7-39 所示。

图 7-38 杆件轴线的弹法　　图 7-39 杆件边线的弹法

2）画节点大样

① 端节点大样。在下弦端头按齿槽深 h_c 及 h'_c 画出齿深线，由上弦上边及下弦上边的交点 a 作垂直上弦轴线的短线，与齿深 h'_c 交于 b，这时连接 b 与上弦轴线与下弦上边线的交点 c，由 c 作垂直上弦轴线的短线与第二齿深线交于 d，连接 d 和上弦下边线与下弦上边线的交点 e，即得端节点，如图 7-40 所示。

图 7-40　端节点

(a) 单齿榫节点；(b) 双齿榫节点

② 其他节点大样。两边上弦中线与中间杆件相交于中间杆件的两边线，这就是上弦中央节点，如图 7-41 所示；承压面与斜腹杆轴线垂直，中间杆件刻入下弦 20mm，形成下弦中央节点，如图 7-42 所示。

图 7-41 上弦中央节点

图 7-42 下弦中央节点

3) 套样板

在地面放大样后，就可以采用样板进行套样。套样应按下列要求：

① 样板要用木纹平直、不易变形、干燥的木材制作。

② 套样板时，要先按照各杆件的高度或宽度和细部结构分别将样板开好，两边刨光，然后放于大样上，将杆件的榫齿、榫槽等位置及形状画到样板上。按形状正确锯割后再修光。

③ 样板配好后，放于大样上进行试拼，与大样一致、且样板与大样的允许偏差在 ±1mm 范围内时，再在样板上弹出轴线。

④ 样板制好后，应将杆件名称标注在样板之上，并依次编号，妥善保管。

4) 屋架制作

① 制作时的防湿材措施。当选用的木材为湿材时，最好采用钢木屋架，以控制木材干燥的收缩。并且为了防止端

节点处不沿剪切面裂开，可在下弦端头下面 500mm 的长度内锯开一条深 20mm 的竖向锯口，使其沿此口裂开，而不降低剪切面的承载能力。

② 画线及下料。采用样板画线时，对方木杆件应先弹出杆件轴线，对圆木杆件，先砍平找正后弹十字线及中心线。将已套好样板上的轴线与杆件上的轴线对准，然后按样板画出长度、齿及齿槽等。

③ 锯榫与开眼。节点处的承压面应平整、严密。锯榫肩时，应比样板长出 50mm，以备拼装时修整。上下弦杆之间在支座节点处的非承压面宜留空隙，一般为 10mm；腹杆与上下弦杆结合处，亦应留 10mm 空隙。在下弦上开眼的深度不得大于下弦直径的 1/3。

除了上面放样制作的方法外，还有一种做法：将下弦弯起的一面朝上，并根据下弦木料的两端断面找中，按中弹出上弦上下面的中心线。然后将下弦翻转 90°后弹出下弦上下两边线。

依据设计的房间跨度，定出下弦的长度，然后分中确定中间支撑的位置，并可确定两端节点，画出齿槽深度。将中间支撑下部开榫后装入下弦中间榫眼内，然后根据房屋的起架高度，确定中间支撑的长度。这时应注意，起架的高度因为包括檩条的断面高度，所以在确定中间支撑的高度时，则应减去檩条的断面高度。

中间支撑确定后，就可在中间支撑上部加工出上弦的齿槽，然后将上弦斜放于地面之上，将中间支撑平放于上弦之上，调整上弦两端分别跨于中间支撑齿槽和下弦齿槽，根据齿槽形状在上弦两端画线，然后每端按线平行外移 40mm

后将上弦多余端头锯去。

将加工好的上弦拼装于下弦与中间支撑上。根据下弦上分出的竖向杆件位置,进行比照加工拼装。

(2) 双梁屋架的制作

双梁式屋架在农村房屋中应用比较普遍,是传统式的屋架结构。此屋架适用于6m以下跨度的房间,并且属五檩结构。由于大梁与二梁的两端头直径不是相等的,所以该屋架是采用瓜柱的高低来调整梁头直径的大小,最终达到平行。

1) 梁的弹线及画线。在截取二梁长度时,二梁的长度应为大梁长度的1/2并加300mm。

对于大梁或二梁,经划方取圆后,在梁的上面和下面弹出中心线,并依线均分瓜柱位置。大梁上两瓜柱的位置一般在梁两边的1/4处;二梁上的脊瓜柱在梁的中间。

确定瓜柱位置后,应结合瓜柱的直径,从位置线中间向两边量出瓜柱眼边线。

量取大梁两端在墙上的支座中心,画出替木口边线,替木口一般为80mm。口深应与大梁的上口线齐,如图7-43所示。二梁的画线应按图7-44所示。

图7-43 大梁的划线

2) 梁的起架。梁的起架,也就是坡屋顶的高度。在一般情况下,屋顶高等于梁长的28%~30%,也就是农村匠人常说的28起架或30起架。

起架的高度,就是确定瓜柱高度的依据。按道理来讲,大梁上的两根瓜柱的高度应同脊瓜柱的高度相同。但是,由于檐檩、

图 7-44 二梁的划线

平檩和脊檩的直径不同,檐檩直径小、脊檩直径大,如按平分高度,就可能产生坡面中间凸起。在这种情况下,大梁上的瓜柱比脊瓜柱低些,一般为总高度的 45%。

在制作瓜柱时,先将脊瓜柱下边开短榫后插入梁上的瓜柱眼内,经吊线垂直后,用木杠将其稳固,然后用一薄木板,贴着瓜柱,并在木板的上边用笔进行岔口画线,如图 7-45 所示。

当岔口画线后按线锯去,然后将瓜柱打入瓜柱眼内,再按梁的上平线向上量取所需高度,对瓜柱圈线后锯去多余部分,再在瓜柱顶部画出瓜柱榫

图 7-45 岔口画线法图

头和开出牵杆眼,牵杆眼为燕尾状眼。

3) 檩条的加工。在农村匠人中有句俗语,叫做"檩条丈三,不断就弯"。也就是说,建房时的檩条不能大于 4m。

檩条的加工,农村匠人称为"续檩条",也就是将檩条按每间的尺寸进行续接。檩条续接是采用榫槽连接的。

将檩条加工成两端截面基本相同时,弹出中线和上下水平线。并依上下中线圈出标准长度线。但是要注意:凡是有檩条榫头的檩条应加上榫头的长度 100mm。榫头应留在檩

条的小头端，榫眼在檩条的大头端。檩条上的榫头、榫槽和替木眼，如图7-46所示。

图7-46 檩条的画线与加工

4）其他配件。在这种屋架中，梁与梁之间的连接是采用牵杆作为稳定配件。一般脊牵杆比较讲究，多为圆木取方刨光后在其上写建房的时间。其他牵杆用圆木加工出榫头即可，一般直径均在80~100mm。

檩条之间的连接一方面是自身的榫头和榫槽连接，另一方面采用替木连接。替木长度一般为500mm的方木，在其两端开有一寸长的楔眼，并安装两个木楔，木楔外露30mm，放在梁头的替木槽内。木楔向上插入檩条的木楔眼中，这样就把檩条连成了一个整体，增加了檩条的稳定性。

7.38 木屋架的安装包括哪些方面？安装工序是什么？

屋架的安装包括梁的安装、檩条安装、木椽的安装以及挂瓦板的安装等。

（1）梁的安装

1）垂吊梁的垂直度。当梁吊装到支座上后，应使梁在支座上座中，然后根据梁两端截面上的垂线来调整梁的垂直度。

2) 调整水平度。安装豪式屋架或双梁屋架时，梁的大头均应在前檐墙，并且，不论梁的大小头直径如何，均以梁的上平线为水平线。所以当梁吊放到支座上后，应用尺杆测量梁的上平线，使所有梁的上平线同在一个水平范围内。

当梁的垂直度和水平度全部调整结束后，应进行固定。对于豪式屋架，可在两榀梁上先安装一根檩条，使梁连接成为一个整体。对于双梁屋架可安装牵杆，将两梁进行连接。

（2）檩条的安装

在农村建房的檩条安装比较讲究，凡是坐北朝南或坐南面北的房屋，除西边一间檩条小头放在山墙外，其余各间的檩条小头均应朝向东边。而坐东向西或坐西向东的南北方向的房屋，除北边一间檩条小头放在山墙外，其余各间的檩条小头均朝向南方，形成了檩条小头均放在山墙之上的结构布局。这样的安装，是因为檩条小头在墙体支座上的支承长度较长，有利于檩条的受力。

檩条安装时，一般先安装脊檩，再安装平木檩，后安装檐檩。当在豪式屋架上安装檩条时，檩条与屋架相交处，需用三角檩托托住，每个檩托至少用 2 个钉子钉牢，檩托的高度不得小于檩条高度的 2/3。

安装双梁屋架檩条时，应先将替木的木楔安入檩条的楔眼中，然后再将檩条与替木安放于梁端的替木槽中，纵向必须同在一轴线上。

安装后的檩条，所有的上表面应在同一平面上。但平木檩条可根据坡面的长短稍向下低 50～100mm。如果平木檩条高于脊檩或檐檩时，应用截面较高的替木取代檐檩上的替木。

(3) 木椽的安装

木椽安装有两种情况：一种是封檐；一种是不封檐。封檐用的椽短，不封檐用的椽长。

在安装木椽前，先在平木檩上号出每根木椽的位置。木椽的间距与上面所铺材料的长度有关。号线时，一般上坡木椽在下坡木椽的左边。木椽的位置确定后，先钉装房屋两边端的边椽。如果是出檐，应留出挑檐的长度。然后依两边椽的下端为标准挂准线，如果线绳较长下坠时，则应在中间再钉一根木椽将线支平。

钉椽时如果使用方铁钉，则应先钻眼，钻眼后再将椽钉上；当使用圆钉时，可不钻眼。一般情况下，木椽的大头朝下，小头钉在檩条上。钉过的木椽上表面应在同一平面上。

(4) 其他配件安装

对于屋架上铺设小青瓦，如是椽头挑出檐口的，则应铺钉连檐和连檐板以及挡瓦条。

1) 连檐的钉装。连檐是连接木椽的一种杆件。连檐的截面形状基本上是三角形，其宽度一般为 100~120mm，高度为 50~60mm。当有接头时，应开成楔形企口榫，并应搭接在木椽上。

钉装连檐时，首先在两端边椽上面挂通线，该线应距椽头 10mm，然后将连檐按线钉在木椽上。每根木椽上最少要有 2 颗钉。为了防止木椽的振动，应用木杆支承在木椽的下边。

2) 连檐板的钉装。离连檐 50mm 处，还应钉装连檐板。钉装连檐板的目的，就是要减轻前檐的重量，并使木椽的整体性得到加强。

连檐板一般厚为 20～25mm，宽度为 250～300mm。钉装连檐板时，每根木椽上可按 2 个钉或 3 个钉交错进行。

3）挡瓦条。挡瓦条是阻挡木椽上合瓦的一种方木配件，一般钉装在连檐上和中间平木檩条上的木椽上。它的宽度为 35mm，高度为 25mm 左右。钉装在连檐上时，应距连檐边 5～8mm。

第 8 章 农村建筑重建设计及节能技术

8.1 村镇灾后重建的总体原则是什么?

村镇灾后恢复重建应当遵循以下原则:

(1) 受灾地区自力更生、生产自救与国家支持、对口支援相结合;

(2) 政府主导与社会参与相结合;

(3) 就地恢复重建与异地新建相结合;

(4) 确保质量与注重效率相结合;

(5) 立足当前与兼顾长远相结合。

8.2 村镇建筑设计的原则是什么?

(1) 灾后村镇重建要以保护农民生命财产安全,保证农民重建房屋质量,改善农民居住条件为基本原则,贯彻执行国家法律、法规及相关的标准规范。

(2) 服从村庄、集镇、建制镇总体规划和建设规划,注重将农房重建与村庄整治、人居环境改善相结合。

(3) 村镇房屋重建,要因地制宜采用合格的建筑材料,鼓励应用节能环保型的新技术、新材料、新工艺。

8.3 村镇灾后重建有哪些相关法律、法规?

村镇灾后重建从属于土木建筑的范畴,因此必须遵照国家和地方的相关法律、法规、规范及相关技术标准进行，现列举主要的相关法律、法规、规范如下：

（1）国家对应有关突发事件的法律、条例，如《中华人民共和国突发事件应对法》、《中华人民共和国防震减灾法》以及国务院令第526号《汶川地震灾后恢复重建条例》等；

（2）《中华人民共和国土地管理法》及各级地方政府的有关"土地管理办法"；

（3）《镇规划标准》（GB 50188—2007）及各级地方政府的有关"村镇规划管理条例"；

（4）建筑设计方面的强制性规范，如：《民用建筑设计通则》（GB 50352—2005）、《建筑设计防火规范》（GB 50016—2006）、《村镇建筑设计防火规范》（GBJ 39—1990）、方便残疾人使用的无障碍设计规范等；

（5）各种相关建筑类型的建筑规范《住宅设计规范》（GB 50096—1999）、《中小学校建筑设计规范》等；

（6）各种相关的防灾减灾规范《建筑抗震设计规范》（GB 50011—2001）；

（7）各种相关的技术规范《建筑给水排水设计规范》（GB 50015—2003）、《建筑照明设计标准》（GB 50034—2004）、《民用建筑电气设计规范》（JGJ 16—2008）及《民用建筑节能设计标准（采暖居住建筑部分）》（JGJ 26—1995）等；

（8）相关施工规范，如《建筑工程施工质量验收统一标准》（GB 50300—2001）等。

8.4 村镇灾后重建的主要建筑类型有哪些？

村镇灾后重建的目标是积极、稳妥地恢复灾区群众正常的生活、生产、学习、工作条件，促进灾区经济社会的恢复和发展，其建设内容主要包括以下几个方面：

(1) 居住建筑

村镇灾后重建中最大量的是居住建筑，即农户和集镇居民所急需恢复建设的住宅，农村地区主要是二层（含二层）以下的自用住宅及附属用房，集镇则可为多层住宅。

(2) 公共建筑

集镇中心区的公共建筑设施按其使用性质可以分为行政管理、教育机构、文体科技、医疗保健、商业金融和集贸市场6类，在规模较小的情况下，可以根据需要合并建设成为一个综合体，有时统称为村镇社区中心。

(3) 公用设施

公用设施包括各项公共工程设施（防灾、殡葬等）的建筑物、构筑物和环卫设施，如公厕、垃圾站及处理设施等。

(4) 生产建筑及设施

各类工业和农业生产建筑及设施。

由于村镇灾后重建所涉及的建筑类型较多，本书对村镇灾后重建指导将以大量急需之建筑类型为重点在下面的章节展开。

8.5 村镇建筑设计应遵循哪些相关法律、法规？

村镇住宅建设从属于土木建筑的范畴，因此必须遵照国家和地方的相关法律、法规、规范及技术标准进行，现列举主要的相关法律、法规、规范如下：

(1)《中华人民共和国土地管理法》及各级地方政府的有关"土地管理办法"；

(2)《镇规划标准》(GB 50188—2007)及各级地方政府的有关"村镇规划管理条例";

(3)《住宅设计规范》(GB 50096—1999);

(4)《建筑设计防火规范》(GB 50016—2006)及《村镇建筑设计防火规范》(GBJ 39—90);

(5)《建筑抗震设计规范》(GB 50011—2001);

(6)《建筑给水排水设计规范》(GB 50011—2003);

(7)《建筑照明设计标准》(GB 50034—2004)及《民用建筑电气设计规范》(JGJ 16—2008);

(8)《民用建筑节能设计标准(采暖居住建筑部分)》(JGJ 26—95);

(9)《建筑工程施工质量验收统一标准》(GB 50300—2001);

(10)《关于开展全面小康村镇建设的实施意见》;

(11)村镇现状资料及有关村庄的具体要求。

8.6 村镇住宅类型及特点是什么？

(1)一般农业户：以小型种植业为主，兼营家庭养殖饲养、编织等副业生产。住宅除生活部分外，还应配置家庭副业生产、农具存放及粮食晾晒和贮藏设施。

(2)专业生产户：专业规模经营种植、养殖或饲养等生产业务。有单独的生产用房、场地，住宅内需设置业务工作室、接待会客室、车库等。

(3)个体工商业服务户：从事小型加工生产，经营销售，饮食，运输等各项工商服务业活动。住宅内需要增加小型作坊、铺面、库房等。

8.7 宅院由哪些功能构成？组合的基本要求是什么？

宅院的使用功能主要包含生活起居和生产以及辅助部分，具体内容参见表 8-1。

宅院功能构成简表　　　　　　　表 8-1

使用功能	设 施 项 目
生活起居	① 院门、院墙
	② 院路
	③ 庭院绿化
	④ 住房
	⑤ 厕所浴室＊——附房
物具贮存	① 仓房地窖＊——附房
副业生产	① 副业用房——附房
	② 晾晒场地
	③ 畜圈＊
	④ 畜舍＊
	⑤ 果树
	⑥ 菜地＊
其他设施	① 能源：太阳能，沼气设施，柴堆，煤棚等
	② 其他＊：水井，电视天线等

注：表 8-1 是农村住宅院落构成的各项要素之列表，各地不同住户间的差异很大，带＊号的项目有时不设。附属房间有时部分或全部纳入住房之中，住房中的厨房或夏季厨房有时结合附属房间布置。为节约宅基用地，晾晒场地可利用屋顶平台。

宅院组合基本要求。为了使村镇住宅建设满足农户的生活和生产的基本要求，生活空间舒适方便，生产空间安全高效并适当考虑发展，宅院布置应符合以下基本要求：

（1）符合日照、通风、防火要求；

(2) 结合地形及现有建筑、道路、绿化；

(3) 因地制宜选择组合方式及院落形状，适当加大巷路间距，以节约用地；

(4) 道路走向明确，主次分明，避免过长的巷路，保证居住环境的安宁；

(5) 有利于能源设施的建设，创造沼气池机械出料和装置太阳能设施的条件；

(6) 多种体形住宅，分组进行布置，组间穿插小型公共建筑、绿地，生活使用方便，景观丰富变化。

8.8 村镇建筑设计的要点有哪些？

建筑是我们生活、工作、休息的空间，尤其是住宅，人们大部分时间都在其中度过，农村住宅也不例外，因此必须保障其安全性、合理性、舒适性和经济性。为达此目的，村镇住宅设计应遵循以下设计要点：

(1) 符合地区对不同类型住宅建设基地面积和建筑标准的控制指标，有利于节约用地。

(2) 适应地区环境、气候特点，尊重地方居住习惯，考虑地区建设条件和材料做法。

(3) 主要居室应有良好的朝向，湿热地区应组织穿堂风，满足各种房间的通风采光等卫生要求，改善日照通风条件，提高设施水平。

(4) 平面布局紧凑合理，建筑形体应力求简洁、规则，以达到良好的抗震性。

(5) 空间组织完整、适用，考虑分期建设，逐步完善，适应变化的条件。

(6) 采用节能设计手法和再生能源综合利用新技术。

(7) 类型多样化，满足生产与生活的不同需求，适应不同农民生活水平和住宅建设的要求。

(8) 突破传统格局，生产与生活空间分离，实行人畜分离，布局紧凑，居住舒适方便。

(9) 适应现代生活方式，新式家具取代老式家具。

(10) 区分脏、净院落，进行热环境的合理分区，改善居住环境。

8.9 建筑节能的意义是什么？

建筑节能就是要"提高建筑中的能源利用效率"。大到整个国家，小到我们自己的利益，建筑节能都有非常重大的意义。

建筑能耗指包括采暖、空调、热水供应、炊事、照明、家用电器等所消耗的能源。在发达国家，建筑能耗与农业能耗、工业能耗、交通运输能耗一样，属于民生能耗，占全国总能耗的30%～40%。有数据表明，现在我国的建筑能耗已经增长到了一个不能忽视的水平。1999年我国一次能源总消费量为13.01亿吨标准煤，其中建筑能耗为3.62亿吨标准煤，已经占了总消费量的27.8%，而北方采暖耗能约占其中的2/3。

经济的发展、人民生活水平的提高，使得人们对居住环境的舒适度的要求也越来越高，这就导致了我国采暖范围日益扩大，与此同时空调建筑也迅速增加。热泵空调在南方已经逐渐崭露头角，上海市民已经渐渐习惯用热泵空调来进行冬季采暖。

随着全国范围的建筑面积的增长，建筑能耗的增长必将远高于能源生产增长的速度，尤其是对电力、燃气、热力等优质能源的需求正在急剧增加。有数据表明，1990年至1999年，人均生活用电量由42.4度增至159.4度，增加了3.76倍，而同期的集中供热面积由2.13亿m^2增至9.68亿m^2，增加了4.54倍，明显高于能源的增长速率。如果新建的建筑仍然是高能耗建筑，同时又不对现有高能耗建筑进行节能改造，那么随着建筑用能的急剧增长，建筑能耗所占国家民生能耗的比例必然会持续增加，势必会限制国家经济的发展。因此，为了国家经济持续、快速、健康发展，必须在抓好新建建筑的节能要求的同时，对原有高能耗建筑进行节能改造。

8.10　什么是农村住宅建筑节能？

从农村调查的情况看，农民建房时一般只注重建筑数量、建筑面积、建筑高度和建筑的美观等面子问题，往往只是单纯地解决了有房屋居住的问题。由于大多数都是按当地传统建筑的模式来建，房屋面积往往大而无当，没有考虑适用、布局等因素，进而忽视了建筑的质量问题，特别是建筑的节能。许多房屋的墙体和屋面的保温隔热性能差，门窗单薄而且不严密，导致建筑围护结构保温隔热性能的不足。

在冬季，渗透风严重，室内寒冷，有的甚至结冰。即便是后来有条件采用采暖设备，但由于热量通过墙体、屋顶、门窗缝隙迅速地散失掉，也难以提高室内的温度。

在夏季，墙面、屋顶被晒得发烫、烤人，房间内犹如蒸笼，每每让人大汗淋漓。即使装了空调，也会由于进入室内的外界热量太多，使得电能耗费过大，而且在这种情况下，空调出口的冷风温度很低，而室内墙面屋顶等地方温度很高，使得室内温度相差悬殊，很不舒服，而节能建筑就不同了。

首先由于加强了外墙和屋面的保温隔热，改进了门窗的热工性能和密闭性，使得冬季供给室内的热量不容易散失，夏天室外的热量不容易进入，室温得以保证，舒适度大大提高。

其次，由于提高了门窗的密闭性，而且门窗设置了双层、三层玻璃，使门窗的隔声性能有了很大提高。室外的噪声不容易传进室内，给农户创造了一个宁静的居住环境。

再次，由于门窗采取了密闭措施，阻塞了缝隙，增强了房屋的密闭性，使室外的尘土难以进入室内，从而大大减少了室内打扫卫生的劳动量，给保持室内的清洁卫生，创造了良好的条件，也有利于农户身体健康。

（1）可以降低采暖与空调的费用

由于节能房屋保温隔热好，热量不容易进入也不容易散失，因此室内冬暖夏凉，供热和制冷的能量也可以大大降低，相对于不节能的建筑，采暖和空调的费用也可以相应减少。

（2）搞好节能，为自己谋利，为子孙谋福

有些人认为，搞建筑节能"只节能不节钱"，意思是说从国家角度看，节能是有利的，可是对我们农户来说投资在节能建筑上要花很大一笔钱，经济上不合算。这样的认识是错误的。与不节能的建筑相比，节能建筑毕竟要采用一些节能措施，对于农户，特别是对面积比较大的农宅来说，是要多花一些钱的。但是有了投入，也会有好处，那就是节约采暖和空调的能耗费用，同时可以提高舒适度。如根据北京和其他各地的一些试点资料分析，节能50％的建筑，所需要增加的节能方面的投资只占建筑原本造价的7％～12％。

所以，建节能建筑，投资可以很快回收，并且在收回投资后继续为农户节约采暖和空调费用。而且节能建筑冬暖夏凉，居住舒服，有利于增进人体健康。同时，节能建筑由于减少能源用量，使得燃烧煤炭等燃料减少，可以减轻由此产生的大气污染和温室效应，造福人类，造福子孙。因此，要把目光放远一些，算总账，搞建筑节能不仅是完全合算的，对自己是有利的，而且是惠及子孙后代的。

8.11　什么是建筑热平衡？

冬天，室外温度较低，在采暖地区（系指累年日平均温度低于或等于5℃的天数在90天以上的地区，包括寒冷和寒冷地区，主要为我国的"三北"地区），室内一般都有采暖设备，如各种形式的散热器、火炉、火坑、火墙等。室内除了有采暖设备的散热之外，还有人体、炊事、家电、照明等的散热（简称建筑物内部得热），透过窗户进入室内，以及被屋顶和外墙表面吸收，然后传入室内的太阳辐射热（简称太阳辐射得热）。采暖设备散热＋建筑物内部得热＋太阳辐射得热构成建筑物总得热。

在非采暖地区（包括夏热冬冷、夏热冬暖和温和地区），冬天室内设置各种形式采暖设备的也日见增多，特别是在我国长江中下游地区，室内设置冷热空调、电热器或电暖气的更是日见增多。也就是说，在非采暖地区，冬天有些农宅内仍有采暖设备散热，而有些建筑物内虽然没有采暖设备散热，但仍有建筑物内部得热和太阳辐射得热。

由于建筑物内能够取得这部分热量，再加上围护结构具有一定的保温和密闭作用，能够阻止或减缓建筑物内热量向外散失，因此才有可能使室内保持较高温度。在室内没有采暖设备散热，只有建筑物内部得热和太阳辐射得热的情况下，室内日平均温度一般要比室外日平均温度高3～5℃，视围护结构保温和密闭情况而异；在室内有采暖设备散热、建筑物内部得热和太阳辐射得热的情况下，室内外日平均温度差，北京地区可达20～27℃，哈尔滨地区可达28～44℃，主要取决于室外温度的高低和采暖设备供热量的大小。

由于室内外温差的存在，而且围护结构不可能完全绝热和密闭，因此，热量必然从温度较高的室内，向温度较低的室外散失。在向外散失的总热量中，约有70%～80%是通过围护结构的传热向外散失的，约有20%～30%是通过门窗缝隙的空气渗透向外散失的。

8.12 农村建筑节能的薄弱环节体现在哪几方面？

俗话说"打蛇打七寸"，所以，我们只有分析出热量跑掉的途径，才能"对症下药"，有针对性地做好保温，从而做好建筑的节能。分析得出室内的热量是通过下面几个途径跑掉的，这也是农村建筑节能的薄弱环节：

（1）墙

相对于农宅的建筑面积来说，外墙的面积是最大的，而一般农宅的墙是24砖墙或37砖墙，传热系数大，散热强烈，冬季浪费大量热量，在北方严寒地区甚至会导致墙面结冰；夏天，从室外传到室内大量的热，使得室内温度很高。

（2）屋顶

屋顶之所以是一个薄弱环节，一方面是因为它的面积大，另一方面，在冬季，室内热气上浮，屋顶处温差比其他地方大，散热强烈；夏季，屋顶受到阳光强烈照射，传入室内很多的热量。

（3）窗户

窗户的传热系数比墙大很多，所以也是一个薄弱环节。对于冬季来说，南向、东向、西向窗户还能透射进阳光，补偿部分散失的热量。但在夏季，透射进的阳光给室内带来多余的热量。而且，窗户的缝隙较大，渗透风量也会很大，会造成冬季室内的热量无谓的浪费。

（4）地面

热量从地面与墙壁相交处进入室内或者从室内跑掉，地面没有引起人们足够的认识，人们只注重了地面的装饰性，忽视了地面也是冬季散热以及夏季得热的一个很重要的环节。如果仅仅把墙壁的保温做好了，室内外的温度差变大了，便会有大量的热量从地面跑掉。

（5）渗透风

渗透风就是指从门窗缝隙里进入房子的空气，很多住宅窗户的密封性能很差，在冬季，使得大量的室外的冷空气进入室内，室内温度升不上去，造成大量的热损失。

从这些方面可以看出，要做好房子的节能，就要把墙、屋顶、窗户、地面和渗透风的负荷降下来。具体地说，就是做好墙面、屋顶的保温，提高门窗的热工性能和密闭性，减少地面传热,切断地角传热的途径。

在提高墙面、屋顶、窗户、地面的保温性能的同时,还不能忽视围护结构中的热桥和节点。围护结构中嵌入构件的热损失比相同面积主体部分的热损失大,因此它们的内表面温度低于主体部分,这种部位通常称为"冷桥"或"热桥"。杜绝冷桥或热桥,或者减少冷桥或热桥的数量是很有必要的,可以大大减少室内负荷,减少能源消耗。

节点,主要指外墙交角处(指外墙转角、内外墙交角、楼地板或屋顶与外墙的交角等),一方面由于散热面比吸热面大,另一方面在相同面积上,角部从室内吸收的热量比其他部分少,所以交角内表面温度远比主体内表面温度低。同时由于节点处容易开裂和漏风,因此更有必要加强保温,特别是对保温性能不同的围护结构的节点。

综上所述,建筑保温不仅要加强墙面、屋顶、窗户、地面的保温,而且对于"冷桥"("热桥")"节点"的保温也不能忽视。而对于夏季,在隔热防止室外热量进入室内的同时,要注意遮阳和加强通风。

图 8-1 建筑散热示意图

8.13 墙体保温技术有哪些?

减少墙体散热,提高墙体保温的方法主要包括提高墙体的保温性能和利用太阳能两个方面。提高墙体的保温性能又包括提高墙体自身保温性能和采用保温材料加强原有墙体保温两种方法。

(1) 提高墙体自身的保温性能

1) 增加墙体厚度。增加墙体的厚度是提高墙体保温性能最简单可行的办法,墙体的厚度越大,墙体的热阻就越大,墙体的厚度增大一倍,其热阻值比以前增大近一倍,散热量比改造前减少近一半。因此尽量增大外墙的厚度,可减少每年冬季采暖燃煤的花费,毕竟建筑的使用寿命有几十年,在新建时,就选择厚一点的外墙比以后为了减少采暖花费而使用其他保温改造方法要经济。

以图 8-2 中的农户住宅为例,此住宅建筑东西墙为 37 厚砖墙,南北外墙使用 24 砖墙,北外墙是外墙散热量中最大的外墙,如果 24 砖墙改为 37 砖墙,外墙的散热量要比 24 砖墙减少 30%。如果对该建筑的外墙进行节能改造,使用 5 厘米厚的聚苯乙烯泡沫塑料才能达到 37 砖墙的效果,

图 8-2 某农户住宅

其改造费用大于新建时就采用 37 砖墙的费用。所以说,在新建住宅时,选择厚一点的外墙要比只顾眼前利益,为了省几个建造费用要更划算。

2) 使用保温墙体。所谓使用保温墙体就是在选择墙体材料时,选择保温性能好的墙体材料,可减少外墙的散热量。如图 8-3 中的空心砖,由于空气是非常好的保温隔热材料,空气的热阻远大于相同厚度实心砖热阻,所以用空心砖砌筑的外墙比实心砖外墙保温要好。图 8-4、图 8-5 中实心砖的保温性能比相同厚度的石头墙要好,370mm 厚的实心

图 8-3 空心砖

图 8-4 石头房子

图 8-5 实心砖房子

砖墙的散热量比相同厚度石头墙的散热量少 45%，因此在寒冷地区使用砖墙要比石头墙保温性能好。

(2) 使用其他保温材料提高墙体保温性能

如果墙体足够厚了，基本可以抵御一般的室外低温而不至于使室内温度过低。但在寒冷或者严寒地区，有时光靠墙体本身保温还是略显"单薄"，这时可以考虑在墙体基础上增加其他保温材料进一步增强保温性能。使用保温材料加强墙体保温的方法主要有墙体外保温、内保温、夹心墙三种。

1) 墙体外保温技术。外墙外保温如同给建筑穿上了一件棉衣，可提高室内温度，减少冬天墙体散热量，提高室内舒适度。

所谓外墙外保温，是指在垂直外墙的外表面上建造保温层，该外墙可以是用砖石或混凝土建造的外墙。外保温可用于新建墙体，也可以用于既有建筑外墙的改造。外墙外保温对于外墙的保温效能增加明显。由于是从外侧保温，其构造必须能满足水密性、抗风以及温湿度变化的要求，不致产生裂缝，并能抵抗外界可能产生的碰撞。可采用的保温材料有：膨胀型聚苯乙烯（EPS）板、挤塑型聚苯乙烯（XPS）板、岩棉板、玻璃棉毡以及胶粉聚苯颗粒等。这些材料是城市建筑保温主要的保温材料，这些材料具有良好的保温性能，价格并不是很贵，农村住宅也可选用这些材料用作墙体保温材料。常用的外墙外保温材料还有膨胀聚苯板、胶粉聚苯颗粒保温砂浆。保温的材料不同但施工做法大致相同。

2) 墙体内保温技术。外墙内保温就是在外墙的室内侧使用保温材料，使建筑达到保温节能的施工方法。虽然外墙内保温节能效果不如外保温效果好，但是内保温技术成熟，施工方便，造价低。该施工方法具有施工方便、对建筑外墙垂直度要求不高、施工进度快等优点。对已有住宅墙体使用内保温作保温节能改造，不会改变建筑原有的外貌，保留原有建筑的特色，维持改造后的住宅与周围建筑的和谐一致。墙体内保温也是农村住宅特别是已有建筑节能改造的好方法。

3) 夹心墙体保温技术。夹心墙是集承重、保温、围护或装饰为一体的新型复合墙体。从墙体的受力性能、耐久性和优良的保温隔热性能上看，这种技术是其他砌体保温墙体、外保温墙体、内保温等墙体难以比拟的，这也是西方发达国家早已普遍应用的典型节能墙体。虽然该技术在我国还处于试验阶段，技术上还没有完全成熟，但是从一些地区试验效果来看，农村住宅的保温节能采用夹心墙技术比其他保温方法有更多的好处，只要解决好夹心墙技术上的几个问题，该技术便可以为农村住宅节能应用（见图 8-6）。

夹心墙体的特点：

① 夹心墙体由内外层墙体和夹心保温层组成。夹心层

图 8-6 夹心墙示意图

的保温材料可选用苯板、玻璃棉。农村地区的枯草、粉碎的农作物秸秆、小麦糠、干花生壳、锯末等材料也具有很好的保温效果,因而可使用这些材料作为夹心墙体的填充材料。需要注意的是,当选用这些农作物做保温材料时,一定要做好农作物的防腐、防虫、防潮,具体方法为:将农作物保温材料暴晒后,加入防腐、防虫剂。

② 墙体的整体稳定性提高,夹心墙内外叶墙变形协调,即使在大震或大变形情况下,外叶墙也不会失稳破坏,说明这种墙体完全满足抗震性能要求。

③ 夹心墙的外叶墙除装饰、保护保温层的功能外,另一个更重要的作用是其对内叶墙的防护或保护。这种保护极大地减少了内叶墙受到外界的风、霜、雨、雪等气候的侵蚀,增强了承重结构的耐久性,消除或减少砌体的裂缝。这也是这种复合墙体在国外如此大量应用的重要原因。我国工程实践证明,夹心墙的内叶墙的裂缝很少出现。对夹心墙的外叶墙在设计时基于其直接受外界气候影响较大,设置局部分隔缝,可很好地解决。

8.14 墙体保温技术如何运用?

(1) 墙体内保温

图 8-7 中的住宅建筑,其外墙装饰得非常好,具有农家

特色，户主也不情愿改变建筑的原有外貌，采用墙体的内保温做法是较好的选择。如采用90mm厚的胶粉聚苯颗粒对外墙做内保温，改造后墙体的散热量将比改造前减少65%。

图8-7 某地区农宅

下面对墙体内保温的具体施工过程、体系组成作详细介绍：

1) 胶粉聚苯颗粒外墙内保温具体施工过程：

基层墙体清理→墙体基层界面拉毛→做饼、冲筋、做口→抹保温层→抹抗裂砂浆、铺压网格布→刮柔性腻子修补。如图8-8所示。

图8-8 胶粉聚苯颗粒内保温示意图

2) 外墙内保温的体系组成。外墙内保温体系大体组成与外保温做法相同,也是由界面层、保温层、抗裂防护层、饰面层组成。界面层、保温层、抗裂防护层、饰面层可使用的材料与外墙外保温大致相同,可参照外墙外保温体系组成中材料的选择。表8-2是使用胶粉聚苯颗粒做外墙内保温的体系组成。

胶粉聚苯颗粒外墙内保温体系组成　　　　表8-2

胶粉聚苯颗粒外墙内保温技术的基本构造					构造示意
基墙①	界面层②	保温层③	抗裂保护层④	饰面层⑤	
混凝土、小型空心砌块、黏土多孔砖、黏土砖和非黏土烧结砖等	界面处理剂(黏土砖墙可免用界面剂,水清洁即可)	胶粉聚苯颗粒保温浆料	水泥砂浆入涂抗裂压碱耐塑玻璃纤维网格布	抗裂柔性腻子	①②③④⑤

(2) 墙体外保温

图8-9 某新建住宅

图8-9的新建住宅,还没有做装饰,适合使用外墙外保温。对该建筑使用90mm厚的胶粉聚苯颗粒作外墙外保温,外墙的散热量将比改造前减少75%。下面对具体的施工过程、体系组成作详细介绍:

1) 胶粉聚苯颗粒外墙外保温外墙外保温基本施工流程：基层墙体处理→钉射钉→墙体基层界面处理→用保温浆料作灰饼、冲筋、做口→抹胶粉聚苯颗粒或者其他保温浆料，晾置干燥→用预埋镀锌钢丝绑牢四角网，抹抗裂砂浆并将网抹在抗裂砂浆内，平均聚合物抗裂砂浆厚度 3~4mm→采用专用粘结砂浆贴面砖工艺进行粘贴面砖施工。如图 8-10、图 8-11所示。

图 8-10 胶粉聚苯颗粒外墙外体保温

2) 外墙外保温的体系组成。使用其他保温材料的外墙外保温做法和上述胶粉聚苯颗粒外墙外保温的做法大致相同，外墙外保温的体系组成主要由界面层、保温层、抗裂防护层、饰面层 4 部分组成。

图 8-11 胶粉聚苯颗粒外墙外保温具体构造图

① 界面层。界面层就是把保温材料固定在原有墙体上使用的一层材料。将保温材料粘结在外墙上的粘结材料多种多样，主要有：A. 事先预拌好的胶浆，使用时不需添加其他任何物料，既不需再行配料，也用不着再进行搅拌；B. 使

用前需要添加其他物料（如水泥），因而需要事先配料和搅拌；C. 若为粉状材料，使用前需加水搅拌均匀；D. 使用时无需添加其他物料，但必须搅拌均匀。

② 保温层。选择热阻值高、吸湿率低、收缩率小的保温材料作外墙外保温材料。膨胀型聚苯乙烯（EPS）板、挤塑型聚苯乙烯（XPS）板、岩棉板、玻璃棉毡以及超轻保温浆料等保温材料是常见的外墙外保温材料。

③ 抗裂防护层。抗裂防护层在保温材料的外层，是保温材料的保护层。做法分为薄型抹灰面层和厚型的抹灰面层：

A. 薄型抹灰面层为在保温层的所有外表面上涂抹聚合物水泥胶浆。直接涂覆于保温层上的为底涂层，厚度较薄一般为 4~7mm，内部包覆有加强材料。加强材料一般为玻璃纤维网格布，有的则为纤维或钢丝网，包含在抹灰面层内部，与抹灰面层结合为一体，防止面层出现裂纹。网格布必须完全埋入底涂层内，从外部不能看见，不与外界水分接触。

B. 厚型的抹灰面层则为在保温层的外表面上涂抹水泥砂浆，厚度为 25~30mm。此种做法一般用于钢丝网架聚苯板保温层上（也用于岩棉保温层上），其加强网为网孔 50mm×50mm、用钢丝焊接的网片，并通过交叉斜插入聚苯乙烯板内的钢丝固定。抹灰前在聚苯板表面喷涂以界面处理剂以加强粘结。抹灰应分层进行，底层和中层抹灰厚度各约 10mm，中间层抹灰应正好覆盖钢丝网片。面层砂浆宜用聚合物水泥砂浆，厚度 5~10mm，中间层抹灰应正好覆盖钢丝网。面层砂浆宜用聚合物水泥砂浆，厚度 5~10mm，可分两次抹完,内部埋入耐碱玻璃纤维网格布。各层抹灰后均应洒水养护,并保持湿润。有的工程采用硬质塑料、纤维增强水泥、纤维增强硅酸盐等板材作为覆面材料,用挂钩、插销或螺钉等固定在外墙龙骨上。龙骨可用金属型材制成,锚固在墙体外侧。

④ 饰面层。饰面层材料可使用涂料、面砖等材料,饰面层具有保护保温层和美观的作用。

8.15 怎样利用太阳能增加室内得热?

在我国很多地区,冬季太阳照射时间长,太阳能资源非常丰富,利用这取之不尽的太阳能为室内采暖是减少冬季燃煤量的好办法。

集热蓄热墙是利用外墙将白天的太阳能蓄存并在夜间释放至室内的一种技术(夏天的夜间,室内的温度会比室外的温度高,这是由于墙体具有蓄热的作用)。白天,墙体吸收了大量的太阳热量,由于墙体的蓄热,到了晚上,墙体内的热量才慢慢释放到室内,所以晚上室外的温度已经降低,但是室内温度仍高于室外温度。集热蓄热墙体就是利用重质墙体具有蓄热作用的性质,吸收太阳的辐射热,再由墙体把热量传送到室内从而增加室内的得热量。

常见的集热蓄热墙有特朗贝墙、花格式蓄热墙,下面就这种技术作一介绍。

(1) 特朗贝墙技术

图 8-12 为特朗贝墙采暖和降温工作原理的示意图。

采暖原理:特朗贝墙外表面覆盖玻璃罩盖,在墙体的上下设通风口,太阳光通过玻璃,除少部分被玻璃吸收外,大

图 8-12 特朗贝墙采暖和降温工作原理

部分被特朗贝墙吸收。被特朗贝墙吸收的太阳热量通过两种方式传入室内：一是通过墙体热传导，把热量从墙体外表面传到墙体内表面，由内墙表面把热量传给室内空气；二是由特朗贝墙的外表面把热量传给外表面和玻璃罩盖之间的夹层空气，夹层空气被加热后，形成从下风口向上风口流动的空气流，把热量传给室内。

降温原理：在夏天，关闭特朗贝墙上部的通风口，打开房间北墙上可调节大小的外窗，打开南墙玻璃盖层上的排气窗，同样可利用夹层内得热烟筒效应，将室内的热空气排到室外，起到自然通风降温的目的。农村住宅可以利用特朗贝墙采暖和降温的原理提高室内的舒适度。

图 8-13 中农户住宅，在客厅的前部有一附加阳光间，阳光间主要是利用太阳能来提高阳光间的空气温度，该阳光间上部的玻璃窗户是封闭的，在寒冷冬天的白天，附加阳光间由于吸收太阳热量，尤其在晴朗的白天，阳光间内的温度可以满足采暖的需要。但是在炎热的夏天，上部的窗户是封闭的，通风不畅，阳光间内的温度会太高。如果该户阳光间上部的窗户为可开启的玻璃窗，在夏天，可通过调节上部窗户开启面积来调节通风量，不会造成阳光间内的温度过热。

（2）花格式蓄热墙

图 8-13 北方某户住宅

花格式蓄热墙的工作原理与特朗贝墙的工作原理相同，其大样图见 8-14。

图 8-14 花格式集热墙大样图

我国很多地区，冬季白天，太阳日照时间充裕，住宅南墙窗户下面的外墙完全可以做成花格式蓄热墙，这样既可以提高冬季室内的温度，又可以降低夏天室内的温度。

8.16 简述屋顶保温的意义？

屋顶是房屋顶部的围护构件，是决定建筑轮廓的重要部分，对于建筑形象起着突出的作用，经常被称为建筑的"第五立面"。它可以抵抗风、雨、雪的侵袭和太阳照射的影响，同时屋顶又是房屋的承重结构，承受风、雪和施工期间的各种重量。

屋顶按外观形式、排水坡度、结构形式不同分为平屋顶、坡屋顶和曲面屋顶等。随着建筑科学技术的发展，近些年出现了许多新型结构的屋顶，如拱屋顶、折板屋顶、薄壳屋顶、悬索屋顶、网架屋顶等。其中最常见的是平屋顶和坡屋顶。平屋顶具有构造简单、施工方便、节省材料、提高预制安装程度等特点，平屋顶屋面坡度小于10%，一般常用2%～3%。而坡屋顶一直是民居传统的建筑手法，特别是砖瓦、砖木结构占主导地位的年代，低层和多层住宅都采用坡屋顶。近年来，坡屋顶又重新为世界各国人们所重视，相继建造了一批坡屋顶式、条式住宅楼，因为其造型特点和隔热保温、合理排水的优越性能，所以深受人们的欢迎。当今中国农村民居也多沿用砖木、砖混结构坡屋顶屋面。

我国与同纬度的许多发达国家相比，冬天气候更冷，夏天气候湿热，然而在这种气候环境下，我国房屋屋顶的保温性能却比发达国家差得多，因此我国单位建筑面积的采暖能耗是发达国家的3倍以上。其中屋顶所散失的热量在整个房屋散热中占有很大的比例，所以加强屋顶保温就显得至关重要。

8.17 屋顶保温的要点是什么？

加强屋顶保温可以降低寒冷地区和夏热冬冷地区住宅房

屋的采暖耗热量和改善整个房间内冬季的热舒适性。

屋顶保温主要从以下两个方面考虑：一是减少屋顶的缝隙，防止有冷风渗入室内，这一点在农村的住宅中尤其要注意；二是提高屋顶的隔热性，主要是采用某些保温材料作为保温层来达到目的。对于不同类型的屋面应该选择不同的保温材料，同时应该兼顾因地制宜的原则，尽量选择当地资源比较丰富的材料。当然保温层材料不同时，效果也不同。

图 8-15 为常见的平屋顶和坡屋顶形式的屋顶保温技术措施，对其他形式屋顶进行保温改造时，也可以参考其中的一些技术。

图 8-15　屋顶保温技术措施

8.18　常用的平屋顶保温技术有哪些？

把屋面坡度≤10%的建筑屋顶称为平屋顶，通常所用的排水坡度为2%～3%。最常见的平屋顶形式包括挑檐平屋顶、女儿墙平屋顶和挑檐女儿墙平屋顶等，如图 8-16 所示。

挑檐平屋顶　　　　女儿墙平屋顶　　　挑檐女儿墙平屋顶

图 8-16　常见的几种平屋顶形式

平屋顶屋面一般很少出现严重的渗风情况，但如果缺少保温层或者因施工方法和工艺的不合理，顶棚结露及室内保温性能差的情况会经常出现。尤其在我国北方，冬季和夏季室内外温度差很大，住在其中的居民感受最深，冬季房间内寒气逼人，夏季彻夜难熬，所以保温层对于寒冷地区的平屋顶十分重要。

保温层设在屋顶处有内保温和外保温两种做法。有时为了简化屋顶的施工，把保温材料直接粘贴在屋顶板的下侧，即采用内保温的做法。但对于钢筋混凝土平屋顶，当采用内保温做法时，混凝土上下表面的温度变化很大，导致产生很大的热应力而使混凝土产生裂缝，所以建议把保温层设在钢筋混凝土平屋顶的上侧，即采用外保温的做法。针对不同的屋面材料，可以用于农村地区平屋顶的保温方法有以下几种：一是直接浇筑式保温屋顶；二是普通覆盖式保温屋顶；三是倒置覆盖式保温屋顶。

（1）直接浇筑式保温屋顶

这种方法是在屋面板上直接浇筑加入散状保温材料的水泥，来增加屋顶的厚度，从而提高屋面保温性能。可以用来增加保温性能的材料主要有以下几种：

1) 粉煤灰：现浇粉煤灰—水泥保温层是以粉煤灰为基料，以水泥为胶结料。粉煤灰是一种轻质、多孔、阻燃材料，在进行浇筑之前，应先对物料进行研细过筛，按 5∶1 的体积配比与水泥混合，加适量水搅拌成稠浆，直接浇筑在屋面上部，厚度达到 30cm 以上时性能可满足一般屋面要求，也可以事先加工成预制板后直接当作屋顶。

实践证明，浇筑粉煤灰法—水泥料作屋面保温材料，具有技术上容易实施，经济上便宜，原材料来源广泛的优点，在农村民用住宅中具有很大的推广价值。

2) 水泥珍珠岩：现浇水泥珍珠岩保温层是以膨胀珍珠岩为基料，以水泥为胶结料。水泥和珍珠岩体积比为 1∶12 为宜。制成的保温隔热层表观密度为 $300\sim400kg/m^3$，平屋面施工可以采用抹压法和喷涂法。抹压法是将水泥和珍珠岩按配合比干拌均匀，然后加水拌合，水不宜过多，否则珍珠岩将由于体轻上浮，产生分离现象。灰浆稠度以外观松散，手握成团而不散，挤不出水泥浆或只能挤出少量水泥浆为宜。平屋面铺设时应分仓进行，保温层厚度一般为 300～500mm，湿铺厚度一般为设计厚度的 1.3 倍左右，通过轻度夯实可以达到设计厚度。

对于有一定坡度的平屋面施工可以采用喷涂法。喷涂设备包括混凝土喷射机和喷枪，空气压缩机一台，压力水罐等。喷涂之前先将水泥和膨胀珍珠岩按配合比干拌均匀，然后送入喷射机内进一步搅拌，在风压作用下经胶管送至喷枪，水与干物料在喷枪口混合后由喷嘴喷出。喷涂时要随时注意调整风量、水量，喷射角度以喷枪与基层面垂直为宜。一次喷涂可达 30mm 厚，多次喷涂可达 80mm 厚。

3) 膨胀蛭石：现浇水泥蛭石保温隔热层是以膨胀蛭石为骨料、水泥为胶结材料。膨胀蛭石密度约为 80~300kg/m³，具有密度较小，保温性能高，防火耐腐，化学性质稳定，无毒无味等特点，将其按一定比例及水灰比搅拌混合成的浆料，可以广泛应用于屋面保温隔热。

水泥和膨胀蛭石的体积比一般以 1:12 比较经济合理，水灰比一般以 1:2.4~1:2.6 为宜，制成的保温隔热层密度为 290~330kg/m³。

以上几种方法属于给屋顶添加整体保温层，适合在寒冷地区和夏热冬冷地区使用，保温层上方可以不增加防水措施，在原材料丰富的地区可以使用该技术。

(2) 普通覆盖式保温屋顶

这种做法是在现有屋面板上面覆盖保温材料，就像给屋面盖上了棉被一样。目前普遍使用的材料分为松散材料（主要有煤渣、草泥、干草、矿棉、膨胀蛭石等）、板状材料（主要有苯聚板、膨胀珍珠岩板等），其中有一些是农村住宅屋面经常采用的传统保温做法。

1) 松散材料：将松散材料铺设于屋面板上时须注意尽可能使材料的层理平面与屋面平行。可在屋面板上平行屋脊方向，每隔 0.8~1m 左右预埋龙骨一条或砌半砖厚的矮隔断一条或抹水泥砂浆矮隔断一条，来解决找平层、保温层和屋面板的整体性以及松散材料的滑动问题。屋面松散保温材料应尽量选择密度小、隔热性好的材料，例如膨胀珍珠岩在相同厚度情况下的隔热性分别是炉渣和草泥的 4.2 倍和 11 倍。

对于干草等材料覆盖时必须压实，同时需在一定距离处放置砖块等重物增加重量,防止保温材料被风吹走。一般来说,覆盖松散材料的方法具有材料来源广、简单易行、经济便宜的优点,但只适用于寒冷、干旱少雨地区,因为这些简陋的保温材料在潮湿的状态下会失去保温作用,所以其应用范围受到了一定的限制。

2) 板状材料:覆盖这种材料的通常做法是在屋面板上设置保温材料,常用的板状材料有矿棉板、岩棉板、泡沫塑料板、木丝板、刨花板、甘蔗板等,在保温材料上面设置防水层和保温层如图 8-17 所示,增设防水层不仅可以放置保温层吸水失效,而且可以防止屋顶发生渗漏。这种方式适用于寒冷地区和夏热冬冷地区的新建和改造住宅的平屋顶保温,可以保证整个屋顶的保温性能,同时能够有效避免屋顶构造层内部的结露和结冰,屋顶还可上人使用。

图 8-17 普通覆盖式保温屋顶构造示意图

1—内饰层;2—钢筋混凝土空心板;3—水泥砂浆找平找坡层;4—保温材料层;5—水泥砂浆找平层;6—防水层

板状材料保温层在施工时应保证基层平整、干燥、干净,使保温材料可以紧靠在基层表面上。因为平屋面排水坡度小,易造成屋面积水,所以应该严格控制防水层的质量,防止接缝处发生渗漏。如果发生渗漏,不仅会使保温层失效,降低屋顶的保温性能,而且长时间以后会腐蚀结构构件,危及房屋的安全。

实际中平屋顶的防水层由于材料、设计、施工各方面的原因,导致使用寿命不长,出现"年年修、年年漏、屡修屡漏"的现象并不少见,应当引起足够的重视。

(3) 倒置覆盖式保温屋顶

这种屋面保温形式是普通覆盖式的一个倒置形式,如图8-18所示,它是把保温层做在防水层的上部,要求保温层上部的保护层有良好的透水和透气性能。这种构造仍属于屋面外保温形式,能有效地避免房间内部结露,适用于寒冷地区和夏热冬冷地区的新建和改造住宅的屋顶保温。

图 8-18 倒置覆盖式保温屋顶示意图
1—屋面混凝土板;2—砂浆找平找坡层;
3—防水层;4—保温层;5—保护层

它与普通覆盖式保温屋面相比具有很多优点,不仅可以使防水层得到很好的保护,可将防水层的使用寿命延长2~4倍,从而提高屋面构造的耐久性,而且可以更大程度地发挥保温层的保温能力。

表8-3给出了不同地区同样达到节能50%的目标时,采用普通覆盖式和倒置覆盖式保温屋顶的保温层厚度的差别情况,可以看出倒置式保温层厚度可大幅度减少。因此,从节省建筑采暖能耗、降低屋顶自重和造价,以及防止屋面破

损等方面考虑,认真研究开发各种倒置式屋顶是十分必要的。

普通覆盖屋顶和倒置覆盖屋顶保温材料厚度表(单位:m)

表 8-3

地区	加气混凝土	半硬质岩棉	水泥膨胀珍珠岩	沥青膨胀珍珠岩	聚苯乙烯泡沫塑料
哈尔滨	0.462/0.309	0.097/0.081	0.546/0.365	0.22/0.183	0.091/0.076
长春	0.421/0.308	0.089/0.074	0.498/0.333	0.2/0.167	0.084/0.07
沈阳	0.394/0.263	0.077/0.064	0.466/0.311	0.183/0.153	0.072/0.06
北京	0.271/0.181	0.059/0.049	0.32/0.214	0.13/0.108	0.051/0.043

注:表中保温材料为铺设,每组数据中前一个表示普通覆盖式的厚度,后一个表示倒置覆盖式的厚度。

倒置覆盖式保温屋顶虽然有很多优点,但是对保温材料的拒水性能有较高的要求,所以其关键是要合理选择保温材料,选择时应以保温材料本身绝热性能受雨水浸泡影响最小为原则。根据我国国情,采用泡沫玻璃、沥青膨胀珍珠岩块、现浇沥青膨胀珍珠岩、带有塑料(有一定耐久性)包装的加气混凝土块,半硬质矿棉、岩棉及硬质聚乙烯泡沫塑料,或表面有不透水薄膜的半硬质泡沫塑料等做屋面保温是较为理想的材料。

8.19 如何进行坡屋顶保温?

下面将对农村地区坡屋顶的保温技术进行介绍。

首先分析一下屋顶坡度对保温性能的影响。一般来说,坡屋顶内部的空气间层随着厚度的增加,其隔热性基本上也是增加的,但这种增加并非成直线关系。当厚度达到60mm以上时,由于受内部空气流动的影响,隔热性将趋于稳定不变的状态,但是坡度越大,屋顶面积越大,所散失的热量也越多,所以从冬季保温角度考虑,屋顶坡度越大对保温越不利。但从夏季隔热角度考虑,坡度较大会有效降低室内温度。另外从经济角度讲,坡度越大用料越多,造价也将越高,施工也越复杂。因此,在综合考虑功能要求、施工、经济等各方面因素后,单层房屋坡屋顶的坡度通常取30°左右较为合理。

(1) 增加屋顶的密闭性

坡屋顶由于自身形状的原因,在与周围墙体交接的地方容易产生缝隙,这些缝隙如果不采用专门的密封措施进行处理,冬天冷风将直接渗到屋顶内部空间。由于冷空气比热空气重,所以这些冷风又很容易下沉到人所活动的区域,从而降低了房间内的热舒适性,并造成能源的浪费。有些坡屋顶房檐下部仅采用砖块进行简单的封堵,实际中可以清楚地看到存在着很大的窟窿眼,成为冬天渗透冷风的通道。出现这种情况后,通常可以采用保温砂浆进行填充,有时为了跟周围颜色的协调,可以用同种颜色的油漆进行粉刷。

(2) 屋顶增加吊顶

坡屋顶的屋面面积一般比较大,有时因为施工质量或者其他方面的原因,例如瓦屋面下的泥土层如果铺得不严实或者其中存在比较大的石块时,会导致屋面存在一些小的缝隙,而这些缝隙平时又很难发现,所以要进行密封处理就比较困难。这种情况可以通过增加吊顶或者改善现有吊顶的密封性来达到室内热空气与外界冷空气隔绝的目的。

吊顶一般由龙骨与面层两部分组成。吊顶龙骨分为主龙骨与次龙骨,主龙骨为吊顶的承重构件,次龙骨则是吊顶的基层。主龙骨通过吊筋或吊件固定在屋顶结构上，次龙骨用同样的方法固定在主龙骨上。龙骨可用木材、轻钢、铝合金等材料制作，从传热损失来考虑，因为木材的隔热性比轻钢和铝合金要好，所以最好采用木材做龙骨。主龙骨间距通常为1m左右。悬吊主龙骨的吊筋采用直径为8～10mm的钢筋，间距也是1m左右。次龙骨间距视面层材料而定，一般为300～500mm。龙骨的结实程度是决定吊顶质量好坏的关键因素，质量差的吊顶不仅容易损坏，造成浪费，而且会对人身安全构成威胁。

吊顶面层主要分为抹灰面层和板材面层两大类，另外还有少量的纸糊面层。

抹灰面层有以下几种做法：板条抹灰、板条钢板网抹灰、钢板网抹灰。板条钢板网抹灰吊顶的做法是在前一种顶棚的基础上加钉一层钢板网以防止抹灰层的开裂脱落。钢板网抹灰吊顶一般采用钢龙骨，钢板网固定在钢筋上。抹灰吊顶的龙骨可用木材或型钢。当采用木龙骨时，主龙骨断面宽约60～80mm，高约120～150mm，中距约1m。次龙骨断面一般为40mm×60mm，中距400～500mm，并用吊木固定于主龙骨上。当采用型钢龙骨时，主龙骨选用槽钢，次龙骨为角钢（20mm×20mm×3mm），间距同木龙骨。

板材面层所用的材料包括：木质板材、矿物板材、金属板材。木质板材用得最多的是胶合板和纤维板。吊顶龙骨一般用木材制作，龙骨布置成格子状，分格大小应与板材规格相协调。板块接头必须留3～6mm的间隙作为预防板面翘曲的措施。矿物板材吊顶的优点是自重轻，施工安装速度快，无湿作业，耐火性好。金属板材吊顶通常用铝合金条做面层,龙骨采用轻钢型材。

总之,为了达到更好的保温效果,吊顶面层和龙骨材料要选择轻质、隔热性好的材料,同时要保证整个面层上没有缝隙而连接成一个整体,通常可以用密封胶、密封条、石灰膏等对两块面层材料之间的缝隙进行密封处理。

(3)增加吊顶的隔热性

有些吊顶材料因为比较薄(例如纸糊吊顶)或者自身传热能力强(例如金属板材吊顶),虽然密封性好,但是隔热性依然很差,这样房间内的热量很容易透过吊顶传给上面,因此需要增加吊顶面层的隔热性。

增加吊顶面层隔热性的原理与平屋顶保温原理相似,也是在上面覆盖松散或板式保温材料,因为吊顶承重的限制,所以需要选用更轻质的材料,这些材料包括:麦糠、麦秸草、锯末、膨胀珍珠岩、膨胀蛭石、聚苯板、岩棉等。松散材料需要注意的是防潮问题,可以利用塑料袋装的方法来解决。一般情况下,当覆盖厚度达到100mm以上时,基本可以满足保温需求。

(4)增加坡屋面内部隔热性

增加坡屋顶的保温性除了可以对吊顶进行处理外,还可以对坡屋面进行处理,处理的方法包括增加内部保温性和外部保温性两个方面。

增加内部保温性的方法可以在屋顶内侧檩条之间增加保温材料,由于此处存在一定坡度而且形状复杂,所以很难采用松散材料,一般采用板状材料,而且多采用聚苯板等容易裁剪的材料,用钉子直接钉到檩条之间的木板上,为了提高保温效果,应该尽量用胶条把保温板之间的缝隙封上。如图8-19所示。

从保证居住房间的热舒适性角度讲,将保温材料置于坡

图 8-19 吊顶上覆盖聚苯板做法示意图

屋顶内表面或吊顶上方处,作用基本一致,但对于吊顶上部空间内的温度影响却很大。在无通风换气情况下,若在吊顶上面保温,冬季其上部空间内的气温接近室外温度,温度太低增加了结露的几率,而若在屋顶下表面处保温,吊顶上部空间内的气温接近于室内空气气温,情况就会改善很多。所以,如果对这部分空间存在利用的情况,例如一些农村地区把此处当成储藏的地方,冬天用来搁置红薯、白菜等,最好采用屋顶下表面保温方式。事实上这种保温方式不仅有利于减少冬季热量损失,在夏季也可适当地降低房间内的温度。

(5) 增加坡屋面外部隔热性

增加屋面外部保温性的方法主要是把一些具有保温作用的材料覆盖在屋顶上,这些材料可以参考平屋顶的做法采用直接浇筑的方法,对于瓦房来说可以把瓦面下面的泥土层做厚或者换成保温性能更好的材料,如水泥珍珠岩、水泥蛭石等,要遵循的原则是应结合当地的特点进行选取,做到造价不高而且结实耐用。

在我国北方某些地区常采用灰泥坡屋顶,灰泥的主要成分是石灰和泥土,大约按照9:1的比例进行混合,覆盖时要压实以防漏水，厚度在 150~250mm 之间，但是这种屋顶在使用一段时间后会出现裂缝，需要重新在上面覆盖灰泥层，经过几次修补屋顶就变得十分厚重，影响整个房屋的安全性。

图 8-20 是我国西北地区广泛采用的草泥屋顶构造图。草泥屋顶主要由椽子、榻子、麦草、和草泥屋面组成，厚度为 40cm 左右。草泥屋面的制作是将麦草、麦糠、泥浆混合后经碾压而成。屋面坡度一般为 4‰~5‰，要求屋面排水比较流畅。椽子除了承担上部重量以外，还起到部分保温作用。若把它简化平排以后，可看成是 100~200mm 厚的木板，如此厚的木板其保温作用不可忽视。其次由榻子、麦草、草泥组成的草泥屋面，厚度为 210~320mm，最主要的优越性表现在它的保温、隔热和蓄热性能上，它对外界气温的高热和严寒都具有防御能力，使室内温度保持稳定，冬暖夏凉的作用十分明显。

图 8-20　草泥屋顶构造图

1—150mm 厚草泥屋面；2—100mm 厚麦草；3—直径 160mm 芦苇束（横铺）；4—圆木檩条；5—顶棚

这种屋顶可以采用平、坡结合的形式，平屋顶的设置是为了方便上部安装太阳能装置，坡屋顶的设置是为了满足开设天窗和建筑造型的需要。因为表面材料是泥土，所以这种屋顶只适合在干旱少雨的地方使用。

在某些沿海地区用海草覆盖屋顶，这种屋顶是利用当地特色资源的一个典型例子。当地人把这种房屋称为海草房，墙用花岗石堆砌，屋架之上只用檩而不用椽。檩上铺厚厚一层泥土，土上压一层层的麦秸草和海草。海草是一种约3～5mm宽的海生植物，适宜生长在河流入海口附近的海域，冬季随海潮涌到岸边，人们收集起来、晒干用作苫海草房。苫海草是从下往上苫，一层海草压一层麦秸草，平均每间房约需麦草800斤，海草2500斤，至屋脊草苫至五六尺厚。海草苫完后，用白灰黄泥调成的稀浆将屋脊抹平，俗称压房脊。为了避免大风吹散海草，有时还会用渔网将山墙上的海草网住，从而延长海草房的使用寿命。

冬季厚厚的海草能起到很好的保温作用，夏季厚重的花岗石墙体能起到很好的隔热作用，因此这种房屋可以称得上是真正的冬暖夏凉房。与此类似的方法还可以在屋面上用芦苇、麦秸等进行覆盖，如图8-21所示。

图8-21 用芦苇覆盖的屋顶图

8.20 窗户保温的意义是什么?

窗户是建筑外围护结构的开口部分,是建筑的"眼睛",它的特点是轻质、薄壁、透明,它不仅对建筑的外观和与周围环境的协调起到关键作用,而且还担负着人(室内)与自然(室外)沟通与分隔的多重实用功能。人们要通过窗户获得阳光和新鲜空气,观赏室外美好景色,还要求它起到保温、隔热、遮阳、抗风沙雪、阻挡噪声等作用。归结起来,窗户的功能与作用如表8-4所示。

窗户在不同环境中的功能与作用　　表8-4

环境		窗的功能与作用
自然环境	太阳辐射	采光,调光(防日光照射),日照得热,防晒隔热,防老化
	空气温度、潮湿	隔绝冷、热温差传热,防潮湿、防腐蚀
	风	抗风压,阻止冷、热空气透气,自然通风换气
	雨	防雨水渗漏
	雷电	防侧雷击
	沙尘	防沙尘,防静电
	昆虫	防害虫
社会环境	噪声	隔绝噪声
	火灾	防止火灾蔓延
	人在室外	防窥视,防盗窃,建筑外墙装饰
	人在室内	视野,观景,使用清洁方便,安全,室内环境装饰

一般来说,受建筑外门窗影响的采暖、空调、照明能耗往往占到整个建筑能耗的一半左右,尤其是严寒地区,建筑外窗能耗几乎与外墙、屋顶、地面能耗之和相当甚至可能超过它们能耗之和。我国的窗户性能普遍较差,窗户单位面积

能耗达到发达国家的 2~3 倍，许多在农村旧建筑中居住过的人们，对简陋的窗户所带来的痛苦，无不感受深刻。北方的建筑冬天窗上结露、结霜，甚至结冰滴水。俗话说："针大的眼，斗大的风"，然而有的窗缝甚至可以伸进手指头，冷风呼呼，寒气逼人，这充分说明窗户保温及密封性差。南方建筑有西晒窗户的房间，夏天午后太阳热量长驱直入，犹如烤炉一般，墙壁、家具、床铺摸起来感觉烫手，白天人们在室内汗流浃背，坐立不安，晚间辗转反侧，无法入睡。人们遭此煎熬，健康大受损害。为了达到适宜的室温，人们在高能耗的建筑物内安装了暖气、空调，其实也是白白制造了过量的热量和冷量去抵消窗户的不正常影响造成能源的极大浪费。因此，如果把窗户认真做好，拒严寒、酷热于窗户之外，不仅可以省下许多宝贵的能源，造福子孙后代，而且可以大大提高房间舒适度。

8.21 如何提高窗户的保温性能？

窗户的耗热损失无非来自两个方面：一是窗户传热，包括窗框和玻璃的传热耗热量；二是窗户缝隙的冷风渗透耗热量。为此，窗的保温就必须从这两方面着手来减少热量消耗。图 8-22 列出了提高窗户保温性能的途径，所有的方法都属于减少传热、耗热技术和减少空气渗透耗热技术这两方面。

另外要更好地实现窗户的节能效果，还需要考虑当地主导风向对室内热损失程度及夏季室内自然通风的影响。在北方寒冷地区，大部分主要居室及窗的布置，应避免对着冬季主导风向，以免热损耗过大，影响室内温度；在南方炎热地区，争取自然通风是选择窗朝向的主要因素之一，应将建筑

图 8-22 提高窗户保温性能的途径

物朝向尽量布置在与夏季主导风向入射小于 45°的方向,使室内得到更多的穿堂风,从而减少空调的负荷。

一般情况下,农村的窗户都有着自己不同的特色,一些窗花和颜色的搭配都很合理,在改善保温性能时尽量不要破坏原有建筑风格,不要一味地追求最新的形式和材料,切忌完全照搬城市的模式,否则会使人产生不伦不类的感觉。

8.22 如何减小窗户面积?

(1) 减小窗墙比

窗墙比是指窗户洞口面积与墙面面积的比值,其数值的大小对房间内的热损失有着重要的影响。由于外窗的传热能力比墙体的传热能力大得多,同时考虑到采光性和经济性,故应该合理确定窗墙比的数值,使窗户的各项功能得以充分发挥。

窗墙面积比要根据不同地区的气候条件及不同的朝向来确定,参考我国《民用建筑节能设计标准(采暖建筑部分)》(JGJ 26—1995) 中的规定及不同的实际情况,在无空调的建筑物中,北向窗墙比不应大于 0.25，东西向不应大于 0.3，南向不应大于 0.35；在有空调的建筑物中，单框单玻璃窗的平均窗墙比不宜超过 0.3，双玻璃窗的平均窗墙比不宜超过 0.4。

图 8-23 中的房屋是属于窗墙比（能达到 0.5 以上）较大的例子，该户的窗型比较美观，但从采光和节能的角度来看都显浪费，因此可以适当减小窗户的面积，这样既不影响室内的光照，又可以节约能量，保证屋内舒适度。采用的方法可以在室内侧窗户中撑柱处加筑一定宽度的砖墙，高度与顶棚齐平，砖墙与窗户之间的空隙可以填上保温砂浆，这样在外面看来窗户整体形式不变，但是保温效果会好很多。

图 8-23　农宅窗户图

(2) 减小无效采光面积

某些住宅的墙上虽然安装了窗户，但是如果把窗户的一部分遮上，室内的光亮并不受太大影响，这样的部分就属于无效采光面积，为了提高围护结构的保温性能，可以考虑将这部分无效采光面积封上。例如，住宅某侧墙上的窗户本身就不是透明的，图 8-24 所示的情况就可以考虑把窗户完全堵上。

图 8-24 农宅非采光窗户图

另外,如果窗户外面不远处有比较高的障碍物时,窗子的采光性能也会受到很大影响,此时也可以适当减小窗户面积。

8.23 增加窗的隔热性的具体措施有哪些?

增加采光面的隔热性可以使室内的热量很难传到室外去。目前,我国农村地区窗户采光面的材料一般有玻璃、普通白纸、塑料纸等,使用这些材料就如同一个人在冬天只穿一件薄薄的外套一样,保温效果非常差。

以普通玻璃窗为例,由于玻璃很薄,一般为3~5mm,所以隔热性很差,并且玻璃面积较大,约占窗户总面积的80%左右,成为影响窗户保温性能的主要因素,单层玻璃窗能耗能达到相同面积24砖墙的3~4倍,是节能墙体的5~6倍。要改变这种情况,可以通过增加采光面的层数和厚度来达到目的。

(1) 把单层玻璃变成双层玻璃或多层玻璃

采用多层玻璃窗,其目的不仅仅是为了增加玻璃的厚度,更重要的是形成有一定厚度的空气间层,这个空气间层具有较好的隔热性,所以双层玻璃窗的保温性能比单层窗要好得多。因此构造具有一定厚度且密闭良好(可以避免或减少间层内空气与外界冷空气进行热量交换,还可以避免结霜、结露)的空气间层,是双层玻璃窗保温性能好的关键。

我国东北地区普遍采用双层玻璃窗,其中很多是直接在原有窗户室内侧另外增加一层窗户,与原来窗户形成双层窗,但是如果原有窗台室内部分较窄,这种技术要实施起来就有一定困难。近几年来,黑龙江省的部分城市还采用了三层玻璃窗,采用这种形式的木窗或塑钢窗,可满足我国最寒冷地区的节能要求。例如,在室内外温差44℃时,三层玻璃内表面温度比双层玻璃的表面温度高3℃以上。但是目前大多数厂家生产的单扇双层玻璃窗,玻璃之间的空气间层厚度较薄,多数在10mm左右,没有充分发挥空气间层的作用。一般来说,空气间层的厚度应不小于40mm,以充分地发挥空气间层的作用。

(2) 玻璃窗贴膜

玻璃窗贴膜技术只需在现有玻璃窗内表面上增贴一透明塑料薄膜,不会影响室内采光,此方法类似单玻改双玻,同样利用玻璃与薄膜之间形成的空气层来提高窗户的热阻,简单易行、投资更少。

有资料表明,玻璃厚度3mm的玻璃窗内部贴上厚度30μm的聚酯膜以后,若空气层厚度为30mm,隔热性能可提高40倍以上。现行木窗，其扇用材料规格多为40mm×55mm，如图8-25所示，固定玻璃窗之裁口厚约10mm，可见贴膜后可以形成30mm厚的空气层。

图8-25　木窗扇断面示意图

图8-26为木窗贴膜设计方案示意图。现行钢窗以实腹钢窗居多，其扇窗用料规格较小，直接贴膜难以形成20mm厚空气间层，但稍加改进便可满足要求。其方法如图8-27所示，在固定玻璃处附加一条木条，木条厚度以保证形成20mm厚空气间层为宜。

图8-26　木窗贴膜断面图

图8-27　钢窗贴膜断面图

贴膜技术应能由住户自行操作完成，使用过程中出现破损或进行更换也应能由住户进行。在实际操作中，下面几个关键环节应给予充分的注意。

1) 准备清理：该环节对保证贴膜质量十分重要。贴膜前应认真检查窗框，如有坏损、玻璃泥脱落，应事先修补好，以免贴膜不严密或造成玻璃边缘漏风。若系钢窗，还应先卸下小五金。另外，为了保证空气层厚度，还需取下玻璃，增设小木条后，重新装好玻璃。贴膜前，还应认真清理玻璃表面，以免日后影响透光率。

2) 粘贴：该环节是贴膜的关键所在，应按窗扇尺寸稍小的规格裁好薄膜后涂万能胶于窗扇框表面，涂胶应均匀，不得断条，并经15分钟晾置后即可贴膜。贴膜时应自上而下进行，要用力将薄膜绷紧以防折皱。贴好后，可用一压条将贴接部位压实约2小时。取下压条后要仔细检查贴接处，如有漏缝、漏贴等，应补好压牢。

3) 清洗：平时要保持薄膜表面清洁光亮，以免影响采光。清洗时宜用清水软布慢慢进行，不得用硬质带毛刺的物品揩擦以防破损。

通过对贴膜效果进行对比试验，试验对象是某户两南向房间，两房间面积相同，约 $13.6m^2$，使用性质相近，窗户为木窗，尺寸均为 1200mm×1500mm，其中一个窗贴膜，形成空气间层为 30mm。采用自计温湿度计对两房间进行了为期3天的测试，经对测试数据进行整理分析后表明，贴膜窗房间较对比房间温度有明显提高。有膜窗房间昼夜平均温度为 8.5℃，无膜窗房间昼夜平均温度为 7.6℃，经贴膜后平均室温提高了 0.9℃。

(3) 附加保温帘

由于窗户的热损失主要是在夜间及阴天发生,因此,给窗户增加一些辅助保温措施十分必要,细究起来平时一些简单的生活用品就能起到很好的保温作用。

窗帘不仅仅是装饰品,起隐蔽、遮挡的作用,它还起着非常重要的保温隔热作用。在寒冷的冬季,夜幕降临的时候,拉上窗帘,就会感到房间里似乎温暖了许多,其原因是不仅挡住了低温窗面对人体的冷辐射,而且增加了隔热性,使窗的散热量减少,通过窗缝吹入室内的冷空气也被挡住了很大一部分。目前已经有窗帘生产厂家生产出带有反射绝热材料的保温窗帘,这种窗帘可以使窗户的保温效果得到明显提高,另外还可把活动百叶安装在单层窗内侧或双层窗中间,这也是良好的窗保温措施。叶片由比较凉的材料制成,如抛光铝,这样可以把室内的大部分热量都反射回屋里,白天的时候打开百叶,太阳光通过叶片反射进入室内;晚间或阴天关上百叶,它和窗形成空隙,提高隔热性,达到保温目的。当然窗帘的悬挂方式不同,节能效果也不相同。

1) 室内侧挂窗帘。为了安装简单、操作方便,窗帘大多安装在窗的室内侧。冬季挂窗帘,一般是白天拉开,晚间关闭,既起到遮挡、隐蔽的作用,又起到保温、节能的作用。窗帘关闭后,就和窗内表面之间构成了一个空气间层,这个间层具有一定的隔热性。

表 8-5 给出了窗内挂不同形式窗帘时窗帘的节能效率情况。从表 8-5 可以看出,双层窗内挂窗帘可节能 10%～15% 左右,单框双玻塑钢窗采用厚布窗帘时可节能到 20%。

窗内挂窗帘的节能率 表 8-5

窗与窗帘类型	窗帘的节能率
双层木窗+无帘	0
双层木窗+垂直塑铝百叶窗	12.6%
双层木窗+下垂亚麻布百叶窗	11.7%
双层木窗+普通布双开式帘	15.7%
单框双玻塑窗+无帘	0%
单框双玻塑窗+厚布帘	20.0%

2) 双层窗夹层挂窗帘。在严寒地区的既有建筑中,大多采用双层木窗,因此窗帘也可挂在双层窗的夹层中。一般夜间关闭,白天开启,夜间可以增加双层窗的保温作用。窗帘挂在双层窗中间,这样帘就把窗的原空气间层分成了两个,就使得双层窗具有接近三层玻璃窗的保温效果。同样,把几种不同的窗帘安装在双层木窗的夹层内,节能效果也不同,其结果如表 8-6 所示。从表 8-6 中可以看到,节能效率以下垂麻布百叶帘最低,以加反射材料的下垂亚麻布百叶帘为最高。

窗内夹层挂窗帘的节能率 表 8-6

窗与窗帘类型	窗帘的节能率
双层木窗+无帘	0
双层木窗+垂直塑铝百叶窗	17.4%
双层木窗+下垂亚麻布百叶窗	16.5%
双层木窗+普通布双开窗	21.7%
双层木窗+厚布帘	23.9%
双层木窗+下垂亚麻布百叶帘加反射材料	25.2%

从表 8-5 和表 8-6 对比可知,挂在窗夹层的窗帘的节能率都相应比挂在内侧的窗帘的节能率高,其主要原因是窗夹层空气间层的密闭程度有所提高所致。因此,从节能的角度

来说，当采用双层窗时，窗帘最好挂在窗的中间夹层，以便得到较好的节能效果。

另外，我国有些地方还采用一种简单的方法，夜间在窗户内侧挂一个类似被子的棉帘，白天的时候摘下，这种方法效果比普通窗帘好很多，但缺点是不太美观而且比较麻烦。

图 8-28 所示的是窗户外挂式保温卷帘，材料是双层加固铝板，内置环保保温聚氨酯发泡层，适用于形状规则的窗户，白天的时候直接卷拉上去，夜晚放下来，不占用室内空间，而且保温效果明显。

图 8-28 外挂式保温卷帘窗户图

3）附加活动保温窗扇。寒冷地区住宅建筑的南向窗户，在冬季有日照时可获得较多的太阳辐射热，从而部分弥补经南窗散失的热量，对改善室内热状态，降低采暖能耗有利。然而在冬季的长夜，南窗就只是散失热量，不利于保温。与南向窗户不同，冬季无论是白天还是夜间，北向窗户都是散热的。因此，北窗是住宅保温的最薄弱环节，为此有必要对窗户实施夜间保温措施。在我国农村很多地方，都习惯做一扇木窗晚上覆盖在窗户外面，这样虽然可以起到挡风和减少室内热量散失的作用，但是保温效果不明显，需要改成保温窗扇。

鉴于南窗和北窗对日照的不同特点，用作南窗和北窗的活动保温窗扇的保温芯材有所不同。考虑到南窗活动保温窗扇仅夜间使用，芯材可以选用不透光材料，如聚氯乙烯泡沫塑料板，泡沫珍珠岩填充等；而北窗在白天和夜间均需使用，芯材宜采用透光材料，以适应白天的采光要求，如气垫薄膜等。

图 8-29 是南窗所用活动保温窗扇设计方案，其特点是将纱窗利用起来，将泡沫塑料板镶钉在纱窗扇上，具有一举多得之功效：一是保温材料本身和它与窗玻璃之间的空气层可以提高南窗夜间保温效果（节能）；二是省去专用活动保温扇框架（省材）；三则免得在冬季期间取下纱窗（省事）。图 8-30 是用于北窗的附加活动保温窗扇设计方案，与南窗不同的是用气垫塑料膜做芯材，压钉于纱窗扇上，具有保温和透光的综合效果。

图 8-29　南窗附加活动保温窗扇

用于南窗活动保温扇的保温板材，目前市场上所供产品（聚氯乙烯泡沫塑料板）多为白色，防潮性能好，但易受污

图 8-30 北窗附加活动保温窗扇

染,因此在使用中宜以彩色塑料布罩面,以满足室内观感要求。另外,上述泡沫塑料板质地松软,为了在镶钉时不致使其下陷或破损,以延长使用年限,需附设通长板条(如硬塑料条或胶合木条)。对于北窗活动保温扇,芯材所选气垫薄膜,采用如上安装方法同样有效。

参考文献

[1] 中国土木工程学会. 村镇建设与灾后重建技术. 北京：中国建筑工业出版社，2008.

[2] 魏艳萍. 建筑识图与构造. 北京：中国电力出版社，2006.

[3] 杨旭东，郑竺凌，单明，李涛. 新农村房屋节能技术. 北京：中国社会出版社，2006.

[4] 姚谨英. 建筑施工技术（第三版）. 北京：中国建筑工业出版社，2007.

[5] 包永刚，钱武鑫. 建筑施工技术. 北京：中国水利水电出版社，2007.

[6] 北京市建筑工程局. 建筑施工企业土建工长培训教材（上、下册）. 1981.

[7] 高琼英. 建筑材料（第三版）. 武汉：武汉理工大学出版社，2007.

[8] 骆中钊，王学军，周彦. 新农村住宅设计与营造. 北京：中国林业出版社，2007.

[9] 李生平. 建筑工程测量（第二版）. 武汉：武汉理工大学出版社，2007.

[10] 马虎臣，郭荣玲，张明丽. 新农村住宅设计与施工. 北京：金盾出版社，2008.

[11] 卜良桃，陈大川. 农宅的选址与建造. 长沙：湖南科学技术出版社，2001.

[12] 江苏省建设厅，东南大学. 新农村住宅建设技术问答. 北京：中国建筑工业出版社，2006.